Eugene Idam
Henry Chukwu

Projeto de secador de mãos automático com display de temperatura

AF546353

Eugene Idam
Henry Chukwu

Projeto de secador de mãos automático com display de temperatura

Secador de mãos automático em temperatura variável

ScienciaScripts

Cover image: www.ingimage.com

This book is a translation from the original published under ISBN 978-620-7-81109-0.

Publisher:
Sciencia Scripts
is a trademark of
Dodo Books Indian Ocean Ltd. and OmniScriptum S.R.L publishing group

120 High Road, East Finchley, London, N2 9ED, United Kingdom
Str. Armeneasca 28/1, office 1, Chisinau MD-2012, Republic of Moldova, Europe
Printed at: see last page
ISBN: 978-620-7-90466-2

CONCEPÇÃO E CONSTRUÇÃO DE UM SECADOR DE MÃOS AUTOMÁTICO COM VISOR DE TEMPERATURA

DEDICAÇÃO

Este trabalho de projeto é especialmente dedicado a Deus Todo-Poderoso, que tem sido fiel, gracioso e misericordioso para connosco na nossa busca académica

RECONHECIMENTO

Com profunda gratidão, queremos reconhecer os esforços do nosso supervisor de projeto, Engr. (Dr.) Okereke Eze Aru, que nos orientou, aconselhou e encorajou para garantir que este trabalho de projeto fosse realizado com sucesso e de forma eficiente.

Os nossos agradecimentos especiais vão para os meus queridos pais, os meus irmãos e a minha família alargada em geral, pelo seu gesto amável para connosco desde o início deste trabalho.

Índice

RESUMO

Este projeto centra-se na conceção e construção de um sistema automático de secagem de mãos, com um visor de temperatura. Durante o projeto foi utilizado o software profissional Proteus 8 para simular o trabalho de projeto. Para a implementação deste projeto, foi utilizada uma metodologia Top-down. O microcontrolador AT89S52 foi utilizado para coordenar outros componentes, como o sensor de temperatura e o ecrã de sete segmentos. O sistema de secagem de mãos utiliza um sensor de temperatura linear LM35 para obter leituras de temperatura do elemento de aquecimento que produz ar quente. Além disso, foi utilizado na construção um visor de sete segmentos para apresentar as leituras do IC de temperatura, um ventilador de CA para empurrar o ar quente através de um respiradouro, um relé eletromagnético SRD-12VDC-SL-C para ligar/desligar o secador de mãos, um sensor passivo inferido DSN-FIR800 para detetar objectos como a mão humana e a unidade de alimentação para a distribuição de energia de todo o sistema do projeto. Após a montagem e o teste do sistema, verificou-se que este estava a funcionar perfeitamente bem.

CAPÍTULO 1: INTRODUÇÃO

1.1 CONTEXTO DO ESTUDO

A biologia humana classificou a mão humana como uma parte muito vital do corpo humano e, como tal, é necessário prestar-lhe os devidos cuidados, uma vez que a falta destes causaria um elevado risco de contaminação por exposição a doenças altamente contagiosas causadas por infeção bacteriana. Nas actividades quotidianas, está provado que a mão humana realiza a maior parte do trabalho efectuado pelo corpo humano; por conseguinte, há a possibilidade de a mão humana entrar em contacto com meios infecciosos bacterianos. Sem uma secagem adequada das mãos após a lavagem, a possibilidade de contaminação é elevada se forem utilizados materiais contaminados para limpar as mãos após a lavagem. A tecnologia moderna tornou disponível equipamento que pode ser utilizado para secar as mãos regularmente após a lavagem, tendo este equipamento evoluído de toalhas de papel que são descartáveis após a utilização para toalhas reutilizáveis. Ao longo dos anos, têm sido inventadas e modificadas muitas técnicas de limpeza das mãos, mas a percentagem de remoção de bactérias desses métodos de limpeza não tem sido satisfatória. Na tentativa de melhorar as técnicas satisfatórias de limpeza das mãos, surgiu a invenção dos secadores de mãos. Os secadores de mãos são máquinas eléctricas que se encontram nas casas de banho públicas e nos restaurantes. Podem funcionar com o premir de um botão ou automaticamente através de um sensor. A lavagem das mãos é uma parte importante da higiene, pelo que é necessário um método eficaz de secagem das mãos. A maioria das empresas e instalações públicas utiliza toalhas de papel para secar as mãos nas casas de banho. Qualquer empresa que pretenda tornar as operações mais sustentáveis deve considerar a instalação de secadores de mãos eléctricos em vez de toalhas de papel.

As novas tecnologias incentivam a utilização de secadores de mãos energeticamente eficientes. A transição para a utilização de secadores de mãos eficientes reduzirá os resíduos sólidos, bem como os custos de mão de obra relacionados com a limpeza e a manutenção do ambiente e, apesar de um ligeiro aumento do consumo de energia, os secadores de mãos ajudarão indiretamente a reduzir as emissões de gases com efeito de estufa relacionadas com a produção de toalhas de papel e qualquer impacto ambiental adverso associado ao excesso de emissões.

1.2 DECLARAÇÃO DO PROBLEMA

Num país do terceiro mundo como a Nigéria, onde o crescimento da industrialização é fraco, os bares, hospitais e restaurantes de todo o lado recorrem a toalhas de mão para limpar as mãos. Este facto tem trazido o problema de contrair doenças através da utilização das mesmas toalhas de mão por muitas pessoas.

A recente pandemia de COVID-19 e também o surto do vírus Ébola causaram uma grande ameaça à saúde dos nigerianos e do mundo em geral, levando à realização de investigação que adoptasse melhores técnicas de secagem das mãos em locais públicos como bares, restaurantes de conveniência e centros sensoriais (Eateries). É necessária uma técnica que tenha uma caraterística tal que duas pessoas não possam usar a mesma toalha para limpar as mãos e que deva ser implementada nesses centros de conveniência e hospitais.

Esta investigação centra-se na conceção e construção de um secador de mãos automático que seca uma mão molhada sem entrar em contacto com o sistema de secagem de mãos. O sistema também apresenta a leitura da temperatura do secador de mãos num ecrã de sete segmentos. Este sistema proposto reduzirá e evitará a propagação de doenças transmissíveis através do contacto das mãos em casas de banho públicas e restaurantes.

1.3 FINALIDADE E OBJECTIVOS DO PROJECTO

O objetivo deste trabalho de projeto é a conceção e a construção de um secador de mãos automático com um indicador de temperatura. Os objectivos abaixo listados são necessários para a realização deste objetivo:

- Para conceber e simular o trabalho de projeto com o software profissional Proteus 8.
- Implementar uma fonte de alimentação regulada sintetizada a partir do fluxo da fonte de alimentação principal da cidade de 220 volts de tensão CA, utilizando um transformador redutor, uma ponte rectificadora para retificar CA para CC, um IC regulador de tensão LM7805 e um condensador de 10µF por 25 volts para filtrar a tensão de saída para 5 volts CC, que pode alimentar o sistema global.
- Implementar uma unidade sensível que possa detetar uma mão humana que passe sob a sua área de contenção utilizando um sensor de infravermelhos passivo (PIR) DSN-FIR800.
- Para estabelecer a interface entre o sensor LM35 e o ADC0804 com o microcontrolador AT89S52.
- Implementar um subsistema que possa ligar um ventilador de ar quente e utilizar um transístor e um relé eletromecânico SRD- 12VDC- SL-C.
- Fazer a interface entre uma unidade de sensor que é accionada com o relé eletromecânico SRD-12VDC-SL-C e o microcontrolador AT89S52 utilizando a linguagem assembly como interface para acionar a unidade de secagem das mãos.
- Para estabelecer a interface entre o ecrã de segmentos de 2 dígitos e o microcontrolador AT89S52.

1.4 JUSTIFICAÇÃO DO ESTUDO

T sistema desempenhará um papel importante na área do controlo de doenças, podendo efetivamente evitar que as pessoas contraiam doenças através da partilha de toalhas para a limpeza das mãos. O secador de mãos é sem contacto, uma vez que utiliza um sensor passivo inferido que automatiza o sistema contra os interruptores de botão que exigem que o indivíduo LIGUE e DESLIGUE o secador de mãos antes e depois da secagem das mãos, o que não remove eficazmente as bactérias. Além disso, o projeto reduzirá o tempo de secagem das mãos para um mínimo de 10 segundos e um máximo de 30 segundos. Este secador de mãos automático é rentável, o que significa que é muito acessível para utilização por qualquer indivíduo que deseje um secador de mãos automático com indicação da temperatura, como utilização no escritório ou em casa.

1.5 ÂMBITO DO PROJECTO

O funcionamento do projeto limita-se à secagem das mãos após a lavagem, o que cria uma forma eficaz de eliminar as bactérias de uma mão molhada. O projeto só pode ser implementado em casas de banho públicas e restaurantes. A automatização deste sistema utiliza um sensor de infravermelhos passivo (PIR) DSN-FIR800 para detetar a presença da mão humana. Este projeto não pode ser utilizado para secar alimentos, roupas e outras partes do corpo humano, e só pode ser utilizado para secar mãos humanas.

CAPÍTULO 2: REVISÃO DA LITERATURA

2.1 ORIGEM DOS SECADORES DE MÃOS E DOS SISTEMAS INCORPORADOS

O desenvolvimento cada vez maior da tecnologia é visível em todo o lado e, no que diz respeito aos secadores de mãos, levanta questões sobre a sua história e a forma como revolucionaram a indústria com designs inteligentes e modernos. Os secadores de mãos de alta velocidade e os secadores de mãos ecológicos e silenciosos são apenas alguns dos que se tornaram extremamente populares nos últimos anos.

Vamos dar um passeio até 1921 - o ano em que foi inventado o mais antigo secador de mãos. Graças a R.B. Hibbard, D.J. Watrous e J.G. Bassett para a Airdry Corporation de Nova Iorque, a máquina era vendida como um modelo incorporado ou unidade de chão. Tinha um soprador invertido que era acionado por um pedal de chão controlado e era conhecida como "Airdry The Electric Towel" - bastante impressionante como primeira invenção.

Alguns anos mais tarde, em 1948, George Clemens decidiu tomar os secadores de mãos sob a sua alçada e tornou-os relativamente populares. Ele adaptou e melhorou o design original do secador de mãos Electric Towel em toda a América, mas só na década de 1990 é que a tecnologia de secagem de mãos arrancou. A história dos secadores de mãos mudou novamente de rumo em 1993, quando a tecnologia japonesa tomou o mundo de assalto com a invenção do primeiro secador "hands-in". A Mitsubishi concebeu o secador de mãos que sopra a água das mãos, em vez de a evaporar com o calor. A criação foi inteligente, no entanto, sendo o primeiro secador de mãos de sempre, foi necessário um pouco de magia e tecnologia para reduzir o impacto sonoro e acelerar o tempo de secagem das mãos. O secador de mãos Jet Towel foi um sucesso no Japão, mas só chegou aos mercados americano e europeu no início dos anos 2000, altura em que começou verdadeiramente a batalha competitiva pela tecnologia de secagem das mãos.

Em 2002, a Excel Dryer lançou um secador de mãos conhecido como "Xlerator", um secador potente que causou certamente o seu impacto na indústria. Seca eficazmente as mãos em 10 a 15 segundos, fazendo muito barulho durante o processo. Ao contrário da Toalha Eléctrica ou da Toalha a Jato, o Xlerator demonstrou alta velocidade e fiabilidade; neste ponto, os utilizadores não se importaram com os altos níveis de ruído.

Em 2006, a Dyson, uma empresa do Reino Unido, não podia deixar de aparecer na festa com o seu próprio secador de mãos Airblade. O Dyson Airblade utilizou a tecnologia patenteada do motor de vácuo e a filtragem HEPA para revolucionar o mercado dos secadores de mãos eléctricos. Em vez da tecnologia de jato único ou de jato múltiplo utilizada em inovações recentes como o Xlerator ou os secadores de mãos Airforce, o Dyson Airblade original utiliza uma fina folha de ar não aquecido que viaja a cerca de 400 mph e atinge as mãos de ambos os lados para retirar a água das mãos e colocá-la num depósito de drenagem de água. Os modelos Airblade subsequentes eliminaram a caraterística do depósito e, como tal, existe o debate de que este design acabará por ser retirado da gama à medida que a torneira e o secador Dyson ganham mais reconhecimento pelo seu carácter prático.

Embora esta tecnologia não fosse única, a velocidade do fluxo de ar foi um grande salto na altura e mudou a face do mercado. A Dyson pode ser largamente creditada pela enorme procura global de secadores de mãos energeticamente eficientes e de alta velocidade que temos atualmente. O impacto que teve nos resíduos de aterro e nas emissões de carbono associadas merece um enorme crédito

.2.2 HISTÓRIA DO SISTEMA INCORPORADO

Um dos primeiros sistemas incorporados reconhecidamente modernos foi o computador de orientação da Apollo, desenvolvido em 1965 por Charles Stark Draper no Laboratório de Instrumentação do MIT. No início do projeto, o computador de orientação da Apollo foi considerado o elemento mais arriscado do projeto Apollo, uma vez que utilizava os então recém-desenvolvidos circuitos integrados monolíticos para reduzir o tamanho e o peso. Um dos primeiros sistemas integrados produzidos em massa foi o computador de orientação Autonetics D-17 para o míssil Minuteman, lançado em 1961. Quando o Minuteman II entrou em produção em 1966, o D-17 foi substituído por um novo computador que foi a primeira utilização em grande escala de circuitos integrados. Os sistemas integrados baixaram de preço e registou-se um aumento dramático do poder de processamento e da funcionalidade, como referido por Blackmore, M.A. e Prisk, E.M. (1984). Um dos primeiros microprocessadores, por exemplo, o Intel4004 (lançado em 1971), foi concebido para calculadoras e outros pequenos sistemas, mas continuava a necessitar de memória externa e de chips de apoio. Em 1978, a National Engineering Manufacturers Association (NEMA) publicou uma "norma" para microcontroladores programáveis, incluindo quase todos os controladores baseados em computador, como computadores de placa única, controladores numéricos e controladores baseados em eventos.

2.2.1 Aplicação de sistemas incorporados

Um sistema incorporado é um sistema operativo de controlo programado com uma função dedicada no âmbito de um sistema mecânico ou elétrico de maiores dimensões, muitas vezes com restrições de computação em tempo real, que é incorporado como parte de um dispositivo completo, incluindo frequentemente hardware e mecânica. Os sistemas incorporados controlam muitos dispositivos de uso corrente atualmente (Steve et al, 2003). Noventa e oito por cento de todos os microprocessadores são fabricados como componentes de sistemas incorporados. Os sistemas incorporados modernos baseiam-se frequentemente em microcontroladores (ou seja, CPUs com memória integrada ou interfaces periféricas), mas os microprocessadores normais (que utilizam chips externos para a memória e os circuitos de interface periférica) também são comuns, especialmente em sistemas mais complexos. Em qualquer dos casos, os processadores utilizados podem ser de tipos que vão desde os de uso geral até aos especializados em determinadas classes de cálculos, ou mesmo concebidos à medida da aplicação em causa. Uma classe normalizada comum de processadores dedicados é o processador de sinal digital (Steve et al, 2003).

Dado que o sistema incorporado é dedicado a tarefas específicas, os engenheiros de projeto podem optimizá-lo para reduzir a dimensão e o custo do produto e aumentar a sua fiabilidade e desempenho. Alguns sistemas incorporados são produzidos em massa, beneficiando de economias de escala.

Os sistemas incorporados vão desde dispositivos portáteis, como relógios digitais e leitores de MP3, a grandes instalações fixas, como semáforos e controladores de fábrica, e a sistemas muito complexos, como veículos híbridos, ressonância magnética e aviónica (Mittal et al, 2005). A complexidade varia de baixa (chip de microcontrolador único) a muito elevada, com múltiplas unidades (periféricos e redes montados num grande chassis ou caixa).

2.2.2 Características dos sistemas incorporados

Os sistemas incorporados são concebidos para realizar uma tarefa específica, em vez de serem um computador de uso geral para múltiplas tarefas. Alguns têm também restrições de desempenho em tempo real que devem ser satisfeitas, por razões como a segurança e a facilidade de utilização, outros podem ter requisitos de desempenho baixos ou nulos, permitindo que o hardware do sistema seja simplificado para reduzir os custos.

Os sistemas incorporados nem sempre são dispositivos autónomos. Muitos sistemas incorporados consistem em pequenas peças dentro de um dispositivo maior que servem um objetivo mais geral. Por exemplo, a guitarra-robô Gibson tem um sistema incorporado para afinar as cordas, mas o objetivo geral da guitarra-robô é, evidentemente, tocar música, segundo Mittal. (2005) Um sistema incorporado num automóvel desempenha uma função específica como subsistema do próprio automóvel.

2.2.3 Componentes de sistemas incorporados

Os componentes essenciais que constituem os sistemas incorporados são descritos mais pormenorizadamente nas secções seguintes:

- Linguagem de programação informática

A linguagem de programação informática é uma linguagem formal que inclui um conjunto de instruções utilizadas para produzir vários tipos de resultados. As linguagens de programação são utilizadas para criar programas que implementam algoritmos específicos.

As linguagens de programação informática são classificadas em duas grandes categorias, que incluem as linguagens de programação de baixo nível e as linguagens de programação de alto nível, com base na sua geração de invenção. As linguagens de baixo nível, como as linguagens de máquina e de montagem, foram concebidas de acordo com a arquitetura do computador para a execução de instruções; por outro lado, as linguagens de alto nível, como C++, Java e ***C#,*** são sobretudo linguagens de programação orientadas para objectos (Anthony J. Massa et al, 2006).

Foram criadas milhares de linguagens de programação diferentes, principalmente no domínio da informática, e continuam a ser criadas muitas mais todos os anos. Muitas linguagens de programação exigem que a computação seja especificada de forma imperativa (ou seja, como uma sequência de operações a efetuar), enquanto outras linguagens utilizam outras formas de especificação de programas, como a forma declarativa. A descrição de uma linguagem de programação é normalmente dividida em duas componentes: sintaxe (forma) e semântica (significado).

As linguagens de programação informática são utilizadas em sistemas incorporados para a lógica de controlo, em microcontroladores e microprocessadores de sistemas incorporados. Exemplos de linguagens populares utilizadas incluem;

o Linguagem de montagem

o Java

o Arduino

o CandC++

o KielC

- Microcontroladores

Um livro publicado por Neves, M, e Hessel, F. (2016) salienta que os conjuntos de microcontroladores 8051 são utilizados para controlar muitos dispositivos electrónicos e o secador de mãos manual não é exceção. O 8051 é um microcontrolador de 8 bits, o que significa que a maioria das operações disponíveis está limitada a 8 bits. Existem 3 "tamanhos" básicos do 8051: Short, Standard e Extended. Os chips Short e Standard estão frequentemente disponíveis em formato DIP (dual in-line package), mas os modelos 8051 Extended têm frequentemente um formato diferente e não são "drop-in compatible". Todos eles são designados 8051 porque podem ser programados utilizando a linguagem de montagem 8051 e partilham determinadas características.

> Pinagem básica do microcontrolador 8051

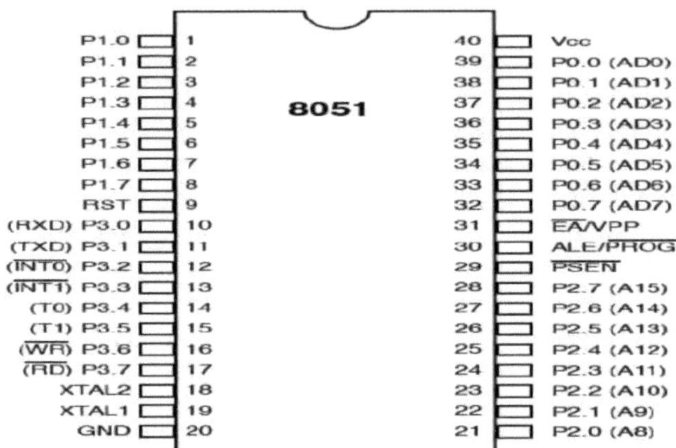

Fig.2.1: Disposição dos pinos do microcontrolador 8051

PIN 9: O PIN 9 é o pino de reinicialização que é utilizado para reiniciar os registos internos e as portas do microcontrolador após o arranque. (O pino deve ser mantido alto durante 2 ciclos de máquina).

PINS 18 & 19: O 8051 tem um amplificador oscilador incorporado, pelo que só precisamos de ligar um cristal a estes pinos para fornecer impulsos de relógio ao circuito.

PIN 40 e 20: Os pinos 40 e 20 são VCC e terra, respetivamente. O chip 8051 precisa de +5V 500mA para funcionar corretamente, embora existam versões de menor potência, como o Atmel 2051, que é uma versão reduzida do 8051 que funciona com +3 V.

Pino 29: O pino 29 chama-se PSEN, ou seja, "program store enable". Para utilizar a memória externa, é necessário fornecer a tensão baixa (0) em ambos os pinos PSEN e EA. Se utilizarmos uma ROM externa, então deve ter uma lógica 0 que indica que o microcontrolador lê os dados da memória.

Pino 30: Este pino é utilizado para ALE e é Address Latch Enable. Se utilizarmos vários chips de memória, este pino é utilizado para distinguir entre eles. É ativado periodicamente com uma taxa constante de l/6 da frequência do oscilador. Este pino também dá entrada de impulsos de programa durante a programação da EPROM.

Pino 31: Se tivermos de utilizar várias memórias, a aplicação da lógica 1 a este pino instrui o microcontrolador a ler os dados de ambas as memórias, primeiro a interna e depois a externa.

- **As portas do microcontrolador 8051**

Existem quatro portas de 8 bits: PO, PI, P2 e P3. Os portos seguintes são explicados a seguir.

PORT PI (Pinos 1 a 8): A porta PI é uma porta de entrada/saída de uso geral que pode ser usada para uma variedade de tarefas de interface. As outras portas PO, P2 e P3 têm papéis duplos ou funções adicionais associadas a elas com base no contexto de seu uso. Os buffers de saída da porta 1 podem ser fonte/sumidouro de quatro entradas TTL. Quando os Is são escritos na porta Pl, os pinos são puxados para cima pelos pull-ups internos e podem ser usados como entradas.

PORTA P3 (Pinos 10 a 17): A porta P3 actua como uma porta Pl normal, mas a porta P3 tem funções adicionais, tais como pinos de transmissão e receção em série, 2 pinos de interrupção externa. 2 entradas de contador externo, pinos de leitura e escrita para acesso à memória.

PORT P2 (pinos 21 a 28): A PORT P2 também pode ser utilizada como uma porta de 8 bits de uso geral quando não está presente qualquer memória externa, mas se for necessário aceder à memória externa, a PORT P2 actuará como um barramento de endereços em conjunto com a PORT PO para aceder à memória externa. A PORT P2 actua como ASAIS.

PORT PO (pinos 32 a 39) A PORT PO pode ser utilizada como uma porta de 8 bits de uso geral quando não existe memória externa, mas se for necessário aceder à memória externa, a PORT PO actua como um endereço multiplexado e um bus de dados que pode ser utilizado para aceder à memória externa em conjunto com a PORT P2. PO actua como AD0-AD7.

PORT PIO: entrada de comunicação assíncrona ou saída de comunicação síncrona em série.

PIN 11: Saída de comunicação assíncrona de série ou saída de relógio de comunicação síncrona de série

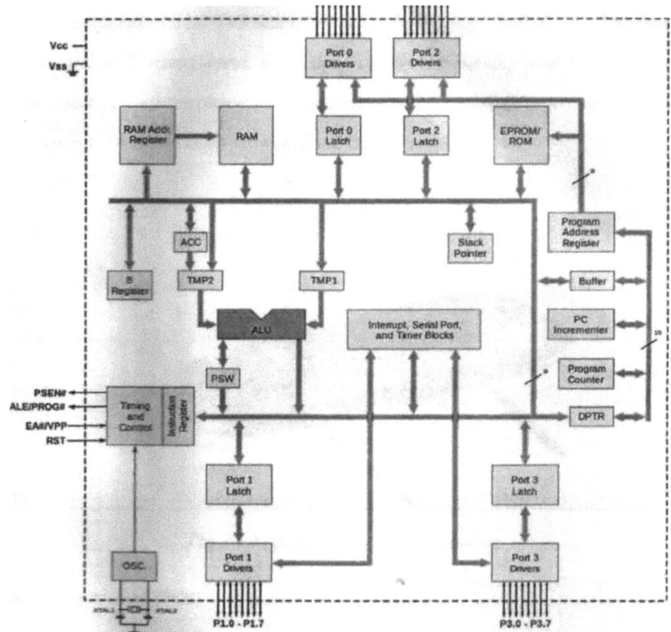

Fig. 2.2. O funcionamento interno de um microcontrolador 8051

- Oscilador de cristal externo

Um oscilador de cristal é um circuito eletrónico de oscilação que utiliza a ressonância mecânica de um cristal vibratório de material piezoelétrico para criar um sinal elétrico com uma frequência precisa. Esta frequência é frequentemente utilizada para controlar o tempo, como nos relógios de pulso de quartzo, para fornecer um sinal de relógio estável para circuitos integrados digitais e para estabilizar frequências para transmissores e receptores de rádio. O tipo mais comum de ressonador piezoelétrico utilizado é o cristal de quartzo, pelo que os circuitos osciladores que o incorporam ficaram conhecidos como osciladores de cristal, mas outros materiais piezoeléctricos, incluindo cerâmicas policristalinas, são utilizados em circuitos semelhantes. A figura 2.3 abaixo mostra um oscilador de cristal típico de 12 MHz.

Fig. 2.3 Oscilador de cristal atípico de 12Mhz

- Placa de circuito impresso (PCB)

A placa de circuito impresso suporta mecanicamente e liga eletricamente componentes electrónicos ou componentes eléctricos utilizando pistas condutoras, almofadas e outras características gravadas a partir de uma ou mais camadas de folha de cobre laminadas sobre e/ou entre camadas de folha de um substrato não condutor. Os componentes são geralmente soldados à placa de circuito impresso para os ligar eletricamente e para os fixar mecanicamente à mesma.

As placas de circuitos impressos são utilizadas em todos os produtos electrónicos, exceto os mais simples. Também são utilizadas em alguns produtos eléctricos, como os interruptores passivos. A figura 2.4 mostra uma placa de circuito impresso concebida para um sistema eletrónico.

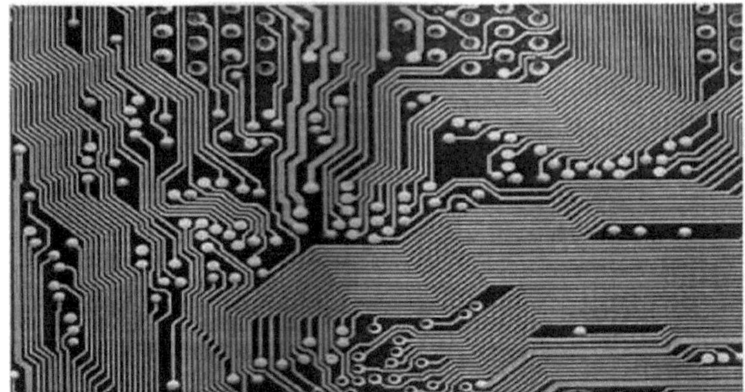

Fig. 2.4: Uma placa de circuito impresso (PCB) típica

- Interruptores e botões

Os interruptores de botão de pressão consistem num mecanismo de interrutor elétrico simples que controla algum aspeto de uma máquina ou de um processo. Os botões são normalmente feitos de materiais duros, como plástico ou metal. A superfície é geralmente moldada para acomodar o dedo ou a mão humana, de modo a que o interrutor eletrónico possa ser facilmente pressionado ou empurrado. Além disso, a maior parte dos interruptores de botão de pressão são conhecidos como interruptores enviesados. Os interruptores com o mecanismo "push-to-make" são um tipo de interrutor elétrico de botão de pressão que funciona através do contacto do interrutor com o sistema eletrónico quando o botão é premido e interrompendo o processo de corrente quando o botão é libertado. Um exemplo disto é um botão de teclado.

- Transístores

Um transístor é um dispositivo semicondutor utilizado para amplificar ou comutar sinais electrónicos e energia eléctrica. É composto por material semicondutor, geralmente com pelo menos três terminais para ligação a um circuito externo. Uma tensão ou corrente aplicada a um par de terminais do transístor controla a corrente através de outro par de terminais. Uma vez que a potência controlada (saída) pode ser superior à potência de controlo (entrada), um transístor pode amplificar um sinal. Atualmente, alguns transístores são embalados individualmente, mas muitos mais encontram-se incorporados em circuitos integrados.

Os tipos de transístores utilizados na conceção de sistemas incorporados incluem;

Transístores de junção bipolar (BJT)

Transístor de efeito de campo (FET)

2.3 EFICÁCIA HIGIÉNICA DOS MÉTODOS ANTERIORES DE SECAGEM DAS MÃOS

A secagem eficaz das mãos é importante para reduzir a transferência de contaminantes remanescentes que possam estar presentes nas superfícies das mãos. Esfregar as mãos durante a secagem com ar quente pode contrariar a redução do número de bactérias adquiridas durante a lavagem das mãos (Ansari, S.A., e Well, G.A. 1991). Os quatro principais métodos de secagem das mãos são deixar a pele secar por evaporação, utilizar toalhas de papel, toalhas de pano ou, mais recentemente, utilizar secadores de ar quente, tal como referido por Blackmore, M.A. (1987).

2.3.1 Utilização de toalhas de papel para secar as mãos

Antes de o papel estar amplamente disponível, eram utilizados diversos materiais. Os romanos utilizavam um pau em forma de L feito de madeira ou de metal precioso. Em climas áridos, utilizava-se areia, tijolo em pó ou terra.

Este método de secagem das mãos foi considerado bom e sustentável para a secagem das mãos até que o avanço da tecnologia mostrou que não remove eficazmente as microbactérias de uma mão molhada. Os materiais utilizados no fabrico deste produto incluem uma combinação de árvores de madeira macia e de madeira dura, uma combinação percentual destas árvores é utilizada no fabrico de toalhas de papel.

Outros materiais utilizados no fabrico incluem água, produtos químicos para decompor as árvores em fibras utilizáveis e branqueadores. As empresas que fabricam papel a partir de produtos reciclados utilizam oxigénio, ozono, hidróxido de sódio ou peróxido para branquear o papel. Os fabricantes de papel virgem, no entanto, utilizam frequentemente branqueadores à base de cloro (dióxido de cloro), que foram identificados como uma ameaça para o ambiente.

A colocação de toalhas de papel nas casas de banho públicas não resolve completamente o problema da contaminação de doenças através das mãos, uma vez que alguma percentagem de bactérias permanece armazenada na mão do indivíduo.

2.3.2 Secagem à mão com toalhas de pano

As toalhas de pano são peças de tecido de algodão ou algodão-poliéster que são utilizadas para absorver a humidade das mãos após a lavagem. As toalhas de pano são geralmente tecidas com um laço ou pelo que é macio e absorvente, sendo assim utilizadas para afastar a água da mão (Barrass, S. e McHardy, B. 1993).

As toalhas de pano são frequentemente utilizadas em casas de banho públicas e restaurantes para secar as mãos molhadas após a lavagem, tendo-se verificado que este método de secagem das mãos remove eficazmente as bactérias das mãos do indivíduo quando a toalha está quente. A desvantagem é que muitas pessoas têm de partilhar uma ou mais toalhas de pano para secar as mãos molhadas nas casas de banho públicas e nos restaurantes, o que conduz significativamente ao crescimento e à transmissão de bactérias de um indivíduo para outro. Fig 2.5 mostra uma toalha de pano típica.

Fig. 2.5: Toalha de pano para secar as mãos

2.3.3 Secadores de mãos tipo botão de pressão (secadores de mãos manuais)

Os secadores de mãos com botão de pressão, também designados por secadores de mãos manuais, são secadores que utilizam um botão para ligar ou desligar o ventilador de ar quente da máquina de secar mãos.

A caraterística abaixo está relacionada com o secador de mãos com botão de pressão:

- o **Simplicidade.** A ativação por botão de pressão não requer sensores electrónicos complexos. O utilizador apenas carrega no botão e a máquina de secar funciona durante o período de tempo pré-definido.
- **o Acessibilidade.** Os secadores com botão de pressão são muitas vezes menos dispendiosos do que as unidades mãos-livres, o que os torna rentáveis devido à menor utilização de componentes necessários para a construção do que os secadores de mãos automáticos normais. A Fig. 2.6 mostra uma imagem de um secador de mãos com botão de pressão.

Os secadores de mãos com botão de pressão, após uma utilização prolongada, tendem a acumular bactérias na zona do botão devido ao facto de muitas pessoas partilharem a tecnologia de secagem das mãos, o que acarreta esta desvantagem e acelera a transmissão e a propagação de doenças, o que constitui uma ameaça para a saúde humana.

Fig. 2.6: Um secador de mãos com botão de pressão típico (secador de mãos manual)

2.4 EFICIÊNCIA E CONSISTÊNCIA DA REMOÇÃO DE BACTÉRIAS NA VÁRIOS MÉTODOS DE SECAGEM DAS MÃOS

A forma mais eficaz de remover as bactérias das mãos é através da lavagem e secagem correctas das mãos. As bactérias não podem ser removidas a 100% de uma superfície de qualquer material ou corpo, tal como referido por Matthews, J.A. e Newsom, S.W.B. (1987). Os diferentes métodos de secagem das mãos apresentam uma remoção de bactérias superior à do método seguinte, conforme explicado nos títulos abaixo.

2.4.1 Secagem manual por evaporação

Este método de secagem das mãos é o melhor entre outros métodos, uma vez que requer a utilização de ar para secar uma mão molhada. Ferramentas como os secadores de mãos que empregam várias técnicas de secagem das mãos incluem o sopro de ar quente de um elemento de aquecimento no interior do secador e o sopro de uma grande quantidade de ar para remover a água da mão. A percentagem de remoção de bactérias é de cerca de 80%, o que é eficaz na luta contra a transmissão de bactérias para evitar a transmissão de doenças infecciosas (Theobald, A. e Hardcastle, S. 1994).

2.4.2 Secagem das mãos com papel toalha

Secar a mão com uma toalha de papel parece ser uma forma conveniente de secar as mãos, uma vez que é simples de utilizar, embora este método pareça produzir muitos gases com efeito de estufa ao ser eliminado. Também remove uma quantidade considerável de bactérias da mão. Cerca de 50 a 60 por cento das bactérias são removidas da mão após a secagem.

2.4.3 Secagem das mãos com toalhas de pano

Este método limpa a mão molhada muito rapidamente, uma vez que a água é rapidamente removida quando o indivíduo envolve a mão na toalha de pano. A percentagem de remoção de bactérias neste método é inconclusiva. Quando a toalha de pano é utilizada em casas de banho privadas, a percentagem de remoção de bactérias é elevada, uma vez que é utilizada apenas por um conjunto de indivíduos. Quando a toalha de pano é colocada em casas de banho públicas, é utilizada por muitos indivíduos ao acaso, havendo grandes probabilidades de transmissão de bactérias, o que leva a que o indivíduo adquira uma doença infecciosa.

2.5 DEBATE SOBRE REVISÕES

A conceção de sistemas incorporados tornou-se muito necessária no aspeto do desenvolvimento das tendências tecnológicas no século XXI, Hessel, F. (2016). Com a utilização de sistemas incorporados, a dificuldade de trabalhar com sistemas manuais foi reduzida. O design de sistemas embebidos contribui mais no aspeto da engenharia, medicina, projectos de arquitetura, agricultura e automação de sistemas mecânicos, como referido por Patrick (2015). Os vários componentes que contribuem para os sistemas incorporados evoluíram devido à necessidade de sistemas digitais mais rápidos e de feedback.

Com base nesta análise, verificou-se que algumas pessoas preferem utilizar toalhas de papel e toalhas de pano para secar as mãos, em vez de utilizarem secadores de mãos manuais, devido ao tempo que demoram a secar. A utilização de botões para construir o sistema de secagem das mãos cria a possibilidade de transferência de bactérias, o que viola o fator de controlo de doenças no ambiente. Os riscos ambientais

A produção de todo esse papel consome muitos recursos, incluindo 110 milhões de árvores por ano e 130 mil milhões de galões de água. São necessárias quantidades de energia comparativamente elevadas para o fabricar e entregar da fábrica à loja, causando a emissão de muito dióxido de carbono para a atmosfera. Depois de uma única utilização, vai tudo para o aterro sanitário - cerca de 3.000 toneladas por ano - onde gera metano à medida que se decompõe Toivenen J, et al. 2000). Tal como o dióxido de carbono, o metano é um gás com efeito de estufa que está fortemente implicado como causa das alterações climáticas. A única abordagem prática para reduzir o impacto ambiental dos toalhetes de papel é utilizar menos toalhetes de papel. Nas casas de banho públicas, a instalação de secadores de mãos automáticos pouparia materiais na produção e reduziria também a produção de gases com efeito de estufa resultantes da eliminação de toalhas de papel.

2.6 CONCLUSÃO DO REEXAME

Nesta análise, existem variações na quantidade de bactérias que cada método de secagem das mãos consegue remover eficazmente. A secagem das mãos com um secador de mãos manual parece remover mais bactérias do que os restantes métodos de secagem das mãos. A única desvantagem dos secadores de mãos manuais é o botão incorporado para ligar e desligar o sistema, isto porque depois de secar o sistema o indivíduo tem de parar o secador de mãos desligando-o, o que leva à transmissão e crescimento de bactérias, o sistema de secagem de mãos que incorpora o uso de botões para controlo viola a área de controlo de doenças, pelo que se deseja um sistema melhor para melhorar a saúde médica dos seres humanos. Os métodos anteriores de secagem das mãos exigem que um indivíduo feche a torneira da água depois de lavar as mãos, o que pode aumentar o crescimento de bactérias ao secar as mãos utilizando sopradores de ar quente. O controlo das doenças pode ser grandemente alcançado em casas de banho e restaurantes onde a lavagem e secagem das mãos é feita num ambiente sem contacto.

Este trabalho de projeto centra-se na construção de um secador de mãos automático com um visor de temperatura que funcionaria automaticamente quando um indivíduo coloca as suas mãos sob a ventilação do sistema para secagem após a lavagem, criando assim um ambiente sem contacto onde a transferência de bactérias é minimizada.

CAPÍTULO 3: MATERIAIS E MÉTODOS

3.1 MATERIAIS

Os materiais necessários para a construção deste projeto estão divididos em duas partes, que incluem os materiais de hardware e de software.

3.1.1 Materiais de ferragens

Segue-se uma lista de todos os componentes de hardware necessários para a construção deste projeto.

- Um transformador de 240 volts para 12 volts CA é utilizado neste projeto para reduzir a tensão de alimentação principal de 220 volts para 12 volts.
- São utilizados quatro díodos IN4001 para a retificação CC.
- Uma resistência de 10kΩ e um condensador de 320μF por 25 volts são utilizados para filtrar a tensão de saída CC rectificada para uma tensão suave que pode ser utilizada na conceção do sistema do projeto.
- O regulador de tensão LM7805 é utilizado para baixar a saída de 12 volts DC para 5 volts. Tem 3 pinos em que o pino 1 é para a tensão de entrada, o pino 2 é a terra e o pino 3 é a saída de tensão regulada.
- Um díodo emissor de luz (LED) como indicador da alimentação eléctrica.
- Conjuntos de cabos CAT-5e que servem de fios de ligação para a interconexão de componentes.
- Tomada de corrente para produzir eletricidade para este projeto.
- Neste projeto é utilizado um oscilador de cristal de 0592Mhz para aumentar a velocidade do relógio do microcontrolador.
- Condensador de 33pF para filtrar os sinais de entrada do oscilador de cristal
- A unidade de microcontrolador 8051 (89S52) é utilizada como unidade de controlo para este projeto.

- Interruptor de contacto para ligar o microcontrolador quando a alimentação é ligada ao sistema.
- SRD-12VDC-SL-C Relés electromecânicos para comutação da alimentação do secador de mãos.
- Neste projeto, são utilizados sensores passivos inferidos (PIR) DSN-FIR800 para a deteção de movimentos.
- O transístor 2N2222 é utilizado com o relé eletromecânico para realizar a operação de comutação de potência.
- Sensor de temperatura Lm35, para efetuar a leitura da temperatura do ventilador de ar quente.
- O conversor analógico-digital ADC08084 é utilizado para converter o sinal analógico do sensor de temperatura LM35 num sinal digital, que é introduzido no microprocessador.
- Um ecrã de segmentos de 4 dígitos para a visualização das leituras de temperatura adquiridas.
- Condensadores de 10µFpor 25 volts com resistência de lkΩ utilizados na polarização da entrada do transístor 2N2222 do microcontrolador.
- A placa Dot-Vero é utilizada neste projeto para colocar permanentemente os componentes implementados no desenho do circuito.
- O ventilador é utilizado para expelir o ar quente.
- Um programador para enviar códigos binários em linguagem Assembly para o microcontrolador.

3.1.2 Interface de software e materiais

A conceção de um sistema incorporado utiliza muitas ferramentas de software, mas para o âmbito deste projeto, que impõe uma grande automatização em tempo real, a interface de software utilizada para controlar o hardware é uma linguagem de programação assembly.

A linguagem Assembly é, de facto, uma ferramenta de interface muito poderosa para os componentes de hardware; esta linguagem de programação é utilizada para estabelecer a interface entre os componentes do projeto e o microcontrolador. A linguagem Assembly representa uma grande vantagem para um engenheiro informático porque introduz a arquitetura geral de um microcontrolador.

O ambiente de desenvolvimento integrado (IDE) utilizado na conceção deste projeto é a ferramenta IDE SASM. Este IDE utiliza o tradutor assembler que traduz o código fonte para código máquina. Na fase de tradução, o código fonte é utilizado para gerar um ficheiro binário que é gravado no ficheiro hexadecimal do circuito integrado do microcontrolador. Está também configurado um gravador para gravar o programa em linguagem de montagem no chip do microcontrolador.

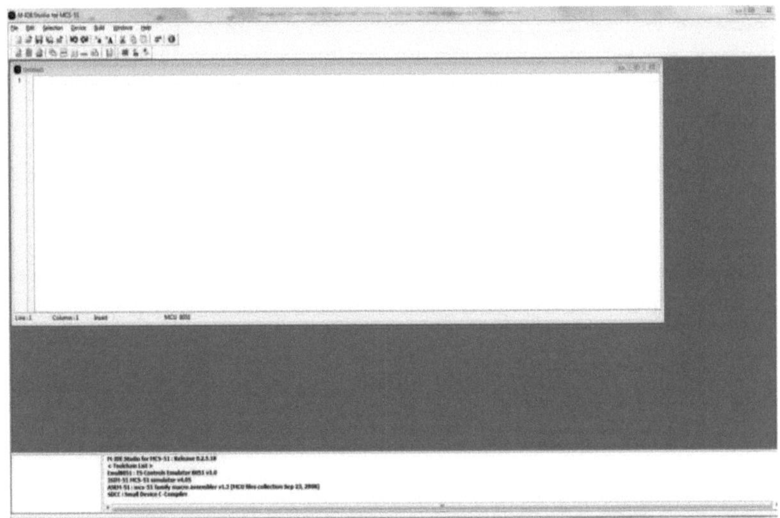

Fig. 3.1 - Ambiente de Desenvolvimento Integrado **SASM.**

3.2 METODOLOGIA DE CONCEPÇÃO

Alguns dos métodos utilizados na gestão de projectos incluem o modelo Agile, o modelo orientado para os objectos, o modelo Waterfall, o modelo top-down, etc.

3.2.1 Metodologia Agile

A metodologia Agile é uma prática que incentiva o desenvolvimento e os testes contínuos ao longo do ciclo de vida de desenvolvimento de software de um projeto. Ao contrário da metodologia Waterfall, a metodologia Agile permite o desenvolvimento e os testes em paralelo.

As metodologias ágeis tentam produzir o produto adequado através de pequenas equipas multifuncionais auto-organizadas que produzem pequenas partes da funcionalidade regularmente, permitindo a participação frequente do cliente e a correção do rumo conforme necessário. Ao fazê-lo, as metodologias Agile tentam resolver os problemas que as metodologias tradicionais "em cascata" de entrega de grandes produtos durante longos períodos de tempo encontram, tais como os requisitos do cliente que mudam frequentemente e resultam na entrega de produtos incorrectos.

Fases do Agile Monitoring

O desenvolvimento ágil não é assim tão difícil quando dividido nos seus conceitos fundamentais. Embora o número de reuniões envolvidas possa parecer desnecessário, poupa muito tempo ao otimizar as tarefas de desenvolvimento e ao evitar os erros que podem ocorrer durante as fases de planeamento.

Fase 1: Requisitos

Antes de um Product Owner poder começar a criar um projeto, deve primeiro gerar a documentação inicial, que inclui uma descrição das necessidades do projeto. Estas são as seguintes:

- O resultado final que a iniciativa irá atingir. Por exemplo, um editor de texto.
- A funcionalidade será fornecida. Por exemplo, diferentes tamanhos de letra.
- As funcionalidades que não serão suportadas inicialmente. Por exemplo, adicionar

animações de texto ou a capacidade de incorporar vídeo.

Uma diretriz geral é reduzir ao máximo estas necessidades iniciais, acrescentando apenas os elementos necessários e eliminando os que não serão utilizados com frequência. Os programadores podem trabalhar neles depois de a aplicação ter sido lançada e as funcionalidades principais terem sido testadas.

Fase 2: Conceção

No desenvolvimento de software, existem duas abordagens ao design: uma é o design visual e a outra é a estrutura arquitetónica da aplicação.

Conceção de software

O Product Owner reúne a sua equipa de desenvolvimento e apresenta os requisitos desenvolvidos na fase anterior durante a primeira iteração. A equipa explora então a forma de abordar estes objectivos e sugere as ferramentas necessárias para obter o melhor resultado. Os programadores debatem a implementação das funcionalidades e a estrutura interna do produto nas iterações seguintes.

Design UI/UX

Os designers criam uma maquete da interface do utilizador durante esta fase do SDLC. Quando se trata de produtos de consumo, a interface do utilizador e a experiência do utilizador são cruciais. Como resultado, é uma boa ideia olhar para os potenciais concorrentes para avaliar o que estão a fazer corretamente - e, mais importante, o que estão a fazer mal.

O projeto básico é aperfeiçoado e/ou reformulado para acomodar as novas características em iterações subsequentes.

Fase 3. Desenvolvimento e codificação

No âmbito do processo de desenvolvimento de software, a fase de desenvolvimento inclui a produção de código e a tradução da documentação do projeto em software real. Esta é a fase mais demorada do SDLC porque constitui a base de todo o processo.

Neste caso, não há muitas diferenças entre as iterações.

Fase 4: Integração e teste

Durante esta fase, os programadores asseguram que o software não tem erros e é compatível com tudo o que já foi construído anteriormente. A equipa de Garantia de Qualidade executa uma série de testes para verificar se o código está limpo e se os objectivos comerciais da solução são satisfeitos.

Os testes tornam-se mais abrangentes à medida que esta fase do SDLC avança e incluem não só testes funcionais, mas também testes de integração de sistemas, interoperabilidade e aceitação do utilizador, entre outros.

Fase 5. Implementação e implantação

O programa é instalado nos servidores e disponibilizado aos clientes, quer como demonstração, quer para utilização efectiva. Posteriormente, as iterações actualizam o software existente, acrescentando novas funcionalidades e corrigindo problemas.

Fase 6: Revisão

O Product Owner reúne a equipa de desenvolvimento mais uma vez, depois de todas as fases de desenvolvimento anteriores terem sido concluídas, para discutir o progresso alcançado no sentido de satisfazer os requisitos. A equipa apresenta as suas ideias para corrigir os problemas que se desenvolveram durante as fases anteriores, e o Product Owner considera as suas sugestões.

As fases do ciclo de vida do desenvolvimento de software ágil recomeçam então, quer com uma nova iteração, quer avançando para a fase seguinte e escalando o Agile

3.2.2 Metodologia orientada para os objectos

A metodologia orientada para objectos define um método para desenvolver uma aplicação, um software ou um sistema. O processo começa com uma análise em que o programador compreende os requisitos do utilizador. Após a análise, na fase de conceção, é criado um modelo de aplicação onde são adicionados mais pormenores ao modelo.

A última fase é a implementação, em que o programador traduz o modelo num sistema utilizando uma linguagem de programação, uma base de dados ou hardware. Este processo é contínuo, o que significa que não se perde qualquer informação quando os programadores passam de uma fase para outra.

Fases da metodologia orientada para objectos

- Conceção do sistema
- Análise
- Conceção do sistema
- Design de classe
- Implementação
- Conceção do sistema

A conceção do sistema começa com o indivíduo que identifica as necessidades da empresa e que também tem conhecimentos sobre a tecnologia em desenvolvimento. Ele tem uma ideia para uma aplicação e discute-a com o programador. O programador compreende os requisitos da aplicação e enumera as características que a aplicação desenvolvida deve ter, o custo necessário para a construir e o custo da aplicação justifica a necessidade da aplicação.

Análise

As declarações de requisitos são, por vezes, incompletas, vagas ou, por vezes, nem sequer estão correctas. O analista de software tenta perceber o panorama geral de toda a aplicação, ou seja, para quem será desenvolvida a aplicação, que problemas resolverá a aplicação, quando, onde e porque será necessária, qual será o fluxo de trabalho da aplicação, etc.

A fase de análise não fala sobre a forma como o pedido será formulado. A fase de análise considera apenas o que deve ser formulado. A fase de análise tem dois modelos, o modelo de domínio e o modelo de aplicação. O modelo do domínio é construído para identificar os objectos do mundo real que se correlacionam com o sistema. A aplicação ATM tem objectos do mundo real como contas poupança, contas correntes, etc.

O modelo de aplicação identifica os objectos que farão parte do sistema, como a execução de transacções, a apresentação do saldo, etc. Em suma, a fase de análise consiste em planear e decidir o que deve ser construído.

Conceção do sistema

Na fase de conceção do sistema, o programador utiliza a linguagem de modelação para exprimir as diferentes partes que constituem o sistema. Cada parte do sistema é modelada separadamente.

Na fase de modelação do sistema, os elementos do sistema, como a sua arquitetura, componentes, interface e dados, são concebidos e organizados de forma a serem fáceis de desenvolver. A fase de conceção do sistema inclui as seguintes etapas:

Os responsáveis pelo desenvolvimento do sistema preparam estimativas do desempenho do sistema e identificam a sua viabilidade.

Não é possível implementar todo o sistema em bloco; os criadores do sistema organizam-no em subsistemas, o que facilita a tarefa dos criadores.

O programador também identifica a simultaneidade entre os objectos para que possam ser dobrados numa única linha de controlo.

Os programadores também definem políticas para o tratamento dos erros e optimizam determinadas características de desempenho.

O programador também define a estratégia para atribuir subsistemas ao hardware.

Os programadores de software também concebem a estratégia de controlo do software.

Desta forma, a fase de conceção do sistema concebe diferentes elementos do sistema utilizando uma linguagem de modelação.

Design de classe

O designer de classes elabora o modelo de análise e acrescenta detalhes ao modelo de análise, enquanto o design do sistema explica o plano de ação. A conceção das classes define as classes e a relação entre elas, além de selecionar os algoritmos para a operação.

Implementação

A fase de implementação coloca todas as classes e relações entre as classes na linguagem de programação, relaciona-as com uma base de dados e atribui-as ao hardware. Ao transformar o desenho das classes em código, o programador deve seguir boas práticas de engenharia, tais como o facto de o código poder ser facilmente rastreado e de o código ser reutilizável.

3.2.3 Modelo em cascata

Este é um modelo de ciclo de vida linear-sequencial que foi o primeiro modelo de processo a ser introduzido mesmo para o desenvolvimento de software. É muito simples de compreender e utilizar, uma vez que cada fase tem de ser concluída antes de se poder iniciar a fase seguinte e não há sobreposição de fases. É expandido num fluxo sequencial linear, o que significa que qualquer fase do processo de desenvolvimento só começa se a fase anterior estiver concluída. No modelo em cascata, as fases não se sobrepõem.

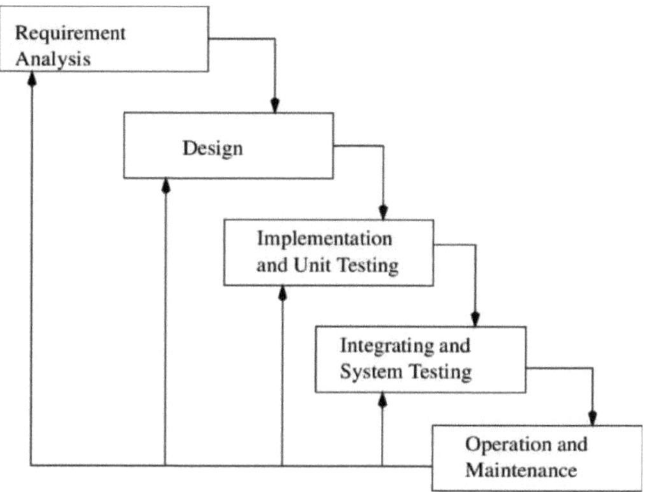

Fig 3.2: Modelo em cascata

As fases sequenciais do modelo Waterfall são

- **Requisitos:** A recolha e análise de todos os requisitos possíveis do sistema a desenvolver são capturados nesta fase e documentados num documento de especificação de requisitos.

- **Conceção do sistema:** As especificações dos requisitos da primeira fase são estudadas nesta fase e a conceção do sistema é preparada. A conceção do sistema ajuda a especificar os requisitos de hardware e de sistema e também ajuda a definir a arquitetura global do sistema.

- **Implementação:** Com as entradas do design do sistema, o sistema é primeiro desenvolvido em pequenos programas chamados unidades, que são integrados na fase seguinte. Cada unidade é desenvolvida e testada quanto à sua funcionalidade, o que é designado por Teste de Unidade.

- **Integração e teste:** Todas as unidades desenvolvidas na fase de implementação são integradas num sistema após o teste de cada unidade. Após a integração, todo o sistema é testado para detetar eventuais falhas.
- **Implementação do sistema:** Uma vez efectuados os testes funcionais e não funcionais, o produto é implantado no ambiente do cliente ou lançado no mercado.
- **Manutenção:** Surgem alguns problemas no ambiente do cliente. Para corrigir esses problemas, são lançados patches. Além disso, para melhorar o produto, são lançadas algumas versões melhores. A manutenção é efectuada para introduzir estas alterações no ambiente do cliente.

Todas estas fases são encadeadas umas nas outras, em que o progresso é visto como um fluxo constante para baixo (como uma cascata) através das fases. A fase seguinte só é iniciada depois de o conjunto de objectivos definido para a fase anterior ter sido alcançado e assinado, daí o nome "Modelo em cascata". Neste modelo, as fases não se sobrepõem.

3.2.4 Metodologia Top-Down

Trata-se da decomposição de um sistema para obter informações sobre os subsistemas que o compõem, segundo o método da engenharia inversa. Numa abordagem descendente, é formulada uma panorâmica do sistema, especificando, mas não pormenorizando, quaisquer subsistemas de primeiro nível. Cada subsistema é então refinado com maior pormenor, por vezes em muitos níveis de subsistema adicionais, até que toda a especificação seja reduzida a elementos de base. Um modelo descendente é frequentemente especificado com a ajuda de "caixas negras", o que facilita a sua manipulação. No entanto, as caixas negras podem não clarificar os mecanismos elementares ou ser suficientemente pormenorizadas para validar o modelo de forma realista. A abordagem descendente começa com o quadro geral. A partir daí, divide-se em segmentos mais pequenos.

3.2.5 Escolha do método

A utilização da abordagem descendente na conceção deste projeto permitir-me-ia ter um fluxo de trabalho desde a fase inicial do projeto até à fase de conclusão. Esta metodologia é adequada porque me permite dividir o meu projeto em módulos mais pequenos e ajuda-me com o fluxo de trabalho para completar cada módulo da conceção do meu sistema antes de entrar em qualquer outro módulo do meu trabalho de projeto. A abordagem de conceção descendente ajuda-me a planear o orçamento e a maximizar as minhas finanças para comprar cada componente dos respectivos módulos e realizar o trabalho do projeto.

3.3 DIAGRAMA DE BLOCOS E ANÁLISE DO SISTEMA

A construção de um secador de mãos automático com um visor de temperatura constitui outros subsistemas que fazem do sistema uma unidade funcional completa, estes subsistemas utilizam componentes electrónicos passivos e activos. O subsistema do secador de mãos tem a sua unidade de processamento de dados como microcontrolador e é um projeto de sistema incorporado que tem muito a ver com automação. Todos os subsistemas, incluindo a fonte de alimentação, estão ligados ao microcontrolador. O sensor de temperatura (LM35) faz as leituras do ar quente e envia-as para o microcontrolador, que as apresenta através de um ecrã de sete segmentos. O microcontrolador é programado utilizando uma linguagem de programação assembly. A figura 3.2 mostra um diagrama de blocos relacional da conceção do sistema.

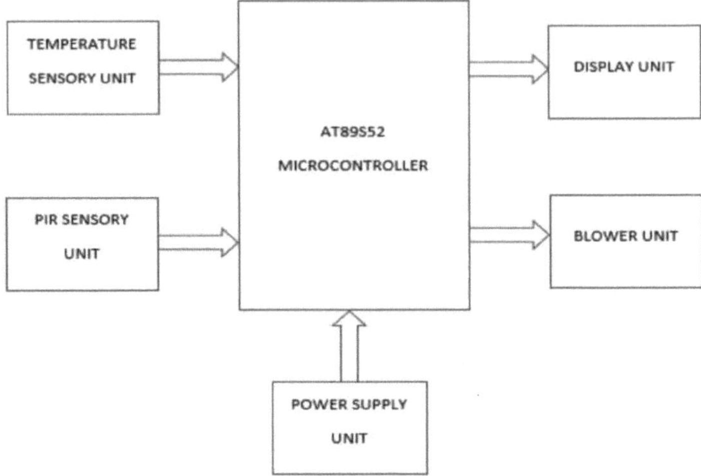

Fig. 3.3 : O diagrama de blocos do sistema

Todos os subsistemas, tal como ilustrados no diagrama de blocos do sistema da figura 3.2, são descritos com a sua função específica nas secções seguintes.

3.3.1 Unidade de alimentação eléctrica

O sensor e o microcontrolador necessitam de uma tensão de 5V DC para serem alimentados. Esta fonte de alimentação é concebida utilizando um regulador de tensão de 5V. A fonte de alimentação de 5V pode ser obtida utilizando o circuito apresentado na Figura 3.3.

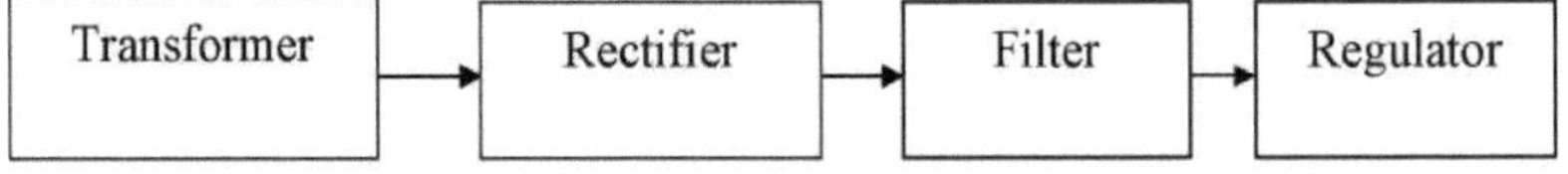

Fig. 3 4: Diagrama de blocos da unidade de alimentação eléctrica

Este circuito utiliza um regulador de tensão LM7805 com uma saída de 5V. O condensador Cl na figura 3.5 filtra o ruído da fonte de tensão que é 12V do transformador, colocando o sinal AC da fonte de tensão em curto-circuito para a terra e permitindo apenas a passagem do sinal DC. O condensador C2 é utilizado para filtrar qualquer sinal AC na tensão DC de saída. Neste projeto, o transformador é utilizado para reduzir a corrente eléctrica da alimentação principal (220V) para aproximadamente 18V a 12V antes de ser convertida em corrente contínua (DC).

A conceção da fonte de alimentação utiliza vários componentes electrónicos passivos e activos, como os que se seguem;

- Transformador abaixador
- Rectificadores de ponte de onda completa
- Condensadores de 320μF.
- Regulador de potência (LM7805) que é um regulador de 5 volts.

Transformador abaixador

É um passivo que transfere energia eléctrica de um circuito de corrente alternada para um ou mais circuitos, reduzindo a tensão de 240v para 12v.

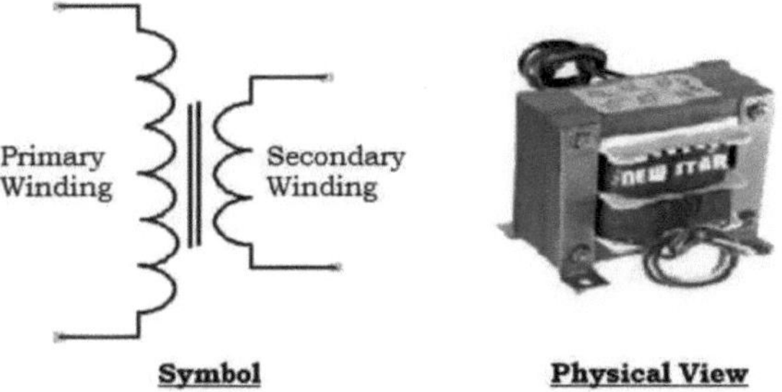

Fig. 3 5: Transformador abaixador

Rectificadores de ponte de onda completa

A função deste componente é converter tensão e corrente AC em DC utilizando 4 díodos IN4001 que estão ligados em ponte para retificação.

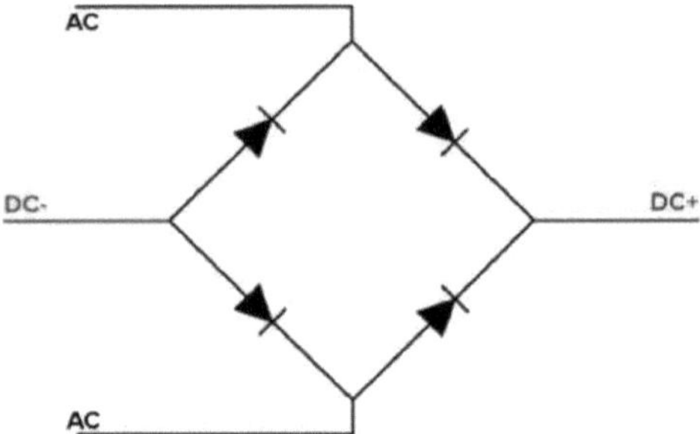

Fig. 3 6: Retificador em ponte.

Condensadores de 320µf

Este condensador funciona para filtrar a tensão CC para produzir uma saída CC pura para o componente utilizado neste projeto. O condensador é colocado em série com um condensador de 100µF para produzir uma capacitância equivalente de 3300µF. O valor da capacitância foi calculado para funcionar de forma consistente com o sistema de alimentação, qualquer valor superior ou inferior a 320µF introduziria irregularidades no sistema.

Fig. 3.7: Condensador de 330µF por 25 volts.

Regulador de potência (LM7805)

Este circuito integrado funciona para regular uma tensão constante de 5 volts DC para alimentar o microcontrolador e outros componentes deste projeto. Este circuito integrado foi testado para se adequar ao funcionamento deste projeto. Qualquer circuito integrado de valor mais elevado, como o LM7809, pode criar certas irregularidades no sistema. A configuração dos pinos, como explicado na Figura 3.7, mostra que o pino 1 é a tensão de entrada positiva que, na maioria dos casos, tem um valor mais elevado. O pino 2 serve como terra ou negativo. O pino 3 é a saída regulada de 5 volts a ser fornecida ao componente necessário do circuito.

Fig. 3.8: CI LM 7805, regulador de potência de 5 volts.

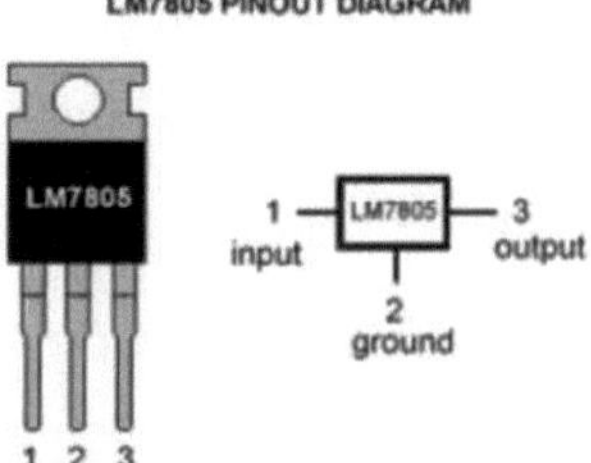

3.3.2 Análise e cálculo da unidade de alimentação eléctrica.

Uma vez que este sistema necessita de uma saída regulada de +5 volts, foi utilizado um transformador abaixador de 220, 9 volts, devido a um nível de tolerância de 1 volt, o que implica que temos 9v+lv = IOvolts. No entanto, a corrente nominal máxima para todo o projeto do sistema, ou seja, 0,5A=500mA, pelo que foi escolhido um transformador de 220/12 volts, 500mA. Além disso, foi utilizado um montador capacitivo com a ajuda de um condensador eletrolítico normalmente calculado como:

$$C1 = CF = 1/\sqrt{(2\&2 \times Fr \times Kr \times RL)} \ldots\ldots\ldots\ldots (1)$$

Where Fr = Ripple Frequency

RL = Minimum Load Resistance

Fr = 100Hz (50+50) Hz

Also, Kr = R.M.S ripple voltage

DC Output voltage

RMS Ripple voltage – RMS Ripple Current

500mV – 300mA

Therefore. Kr = 【500 ×10】 ^ (-3)/100

Kr = 50 x 10–3

RL = 20 Ohms (minimum) to 100ohms from equation (1) above

CF = 1/√(2&2×Fr×Kr×R1)

N/B: 2√2 =2.8

CF = 1/√(2& 【2×100 ×50 × 10】 ^(-3)× 20)

CF = 3,533µf

No entanto, não existe no mercado um condensador com a classificação 3,533µf, pelo que escolhemos o mais próximo do valor determinado que está disponível no mercado, que é 3,300µf.

Além disso, para determinar a tensão nominal de um condensador, temos 2 x tensão de saída DC. Portanto, 2 x12 volts = 24 volts.

3.3.3 Unidade de microcontrolador AT89S52

O AT89S52 pertence à popular família 8051 de microcontroladores Atmel. Trata-se de um microcontrolador CMOS de 8 bits de elevado desempenho com 8K de memória Flash e 256 bytes de RAM. Uma vez que é semelhante à arquitetura fiável do 8051, estes microcontroladores estão em conformidade com as normas da indústria. Tem 32 pinos de E/S, incluindo três temporizadores de 16 bits, interrupções externas, porta série full-duplex, oscilador integrado e circuito de relógio. O microcontrolador dispõe igualmente de um modo de funcionamento, de um modo inativo e de um modo de desativação, o que o torna adequado para aplicações alimentadas por bateria. Algumas desvantagens consideráveis do microcontrolador são o facto de não ter um ADC incorporado e não suportar os protocolos SPI ou I2C. No entanto, é possível utilizar módulos externos para o mesmo.

Este controlador é utilizado para controlar todos os componentes dos subsistemas do projeto, que são interligados com o controlador utilizando uma linguagem de programação assembly como interface de software. A Figura 3.8 mostra a pinagem do controlador associada aos seus pinos correspondentes.

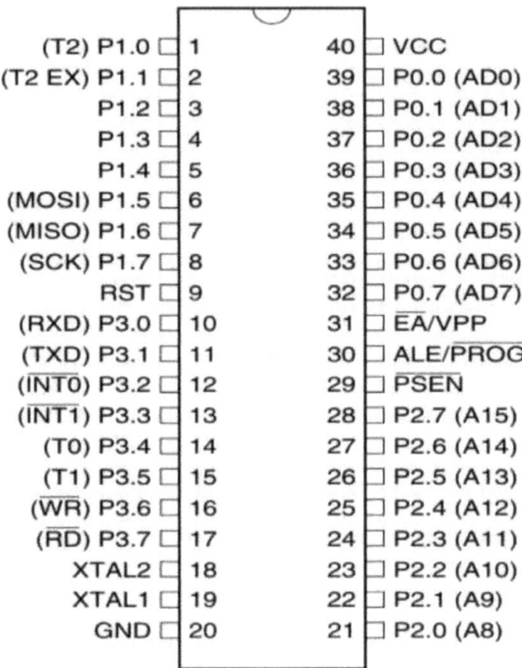

Fig. 3.9 : Pinagem do microcontrolador AT89S52.

3.3.4 Unidade do ventilador

Este subsistema é constituído pelos seguintes componentes,

- Resistência

- Transístor
- Relé

- Soprador de ar quente.

Resistência

Uma resistência é um componente elétrico passivo que cria resistência ao fluxo de corrente eléctrica. Podem ser encontradas em quase todas as redes eléctricas e circuitos electrónicos. A resistência é medida em ohms (Ω). Um ohm é a resistência que ocorre quando uma corrente de um ampere (A) passa através de uma resistência com uma queda de um volt (V) nos seus terminais. A corrente é proporcional

para a tensão nas extremidades dos terminais. Esta relação é representada pela lei de Ohm:

R = V/I

As resistências são utilizadas para muitos fins. Alguns exemplos incluem a limitação da corrente eléctrica, a divisão da tensão, a geração de calor, a correspondência e a carga de circuitos, o controlo de ganhos e a definição de constantes de tempo.

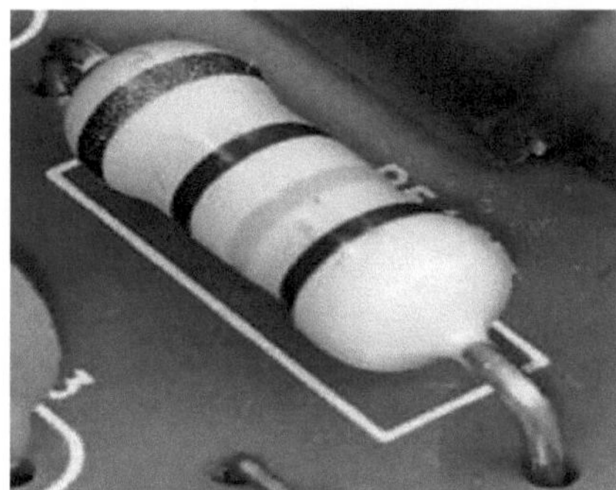

Fig:3.10: Resistência

Transístor

Um transístor é um tipo de dispositivo semicondutor que pode ser utilizado tanto para conduzir como para isolar corrente ou tensão eléctrica. Um transístor actua como um interrutor e um amplificador. Em palavras simples, podemos dizer que um transístor é um dispositivo em miniatura que é utilizado para controlar ou regular o fluxo de sinais electrónicos.

- **Partes de um transístor**

Um transístor típico é composto por três camadas de materiais semicondutores ou, mais especificamente, por terminais que ajudam a estabelecer uma ligação a um circuito externo e a transportar a corrente. Uma tensão ou corrente aplicada a qualquer um dos pares de terminais de um transístor controla a corrente através do outro par de terminais. Existem três terminais para um transístor. São eles:

Base: É utilizada para ativar o transístor.

Coletor: É o condutor positivo do transístor.

Emissor: É o condutor negativo do transístor.

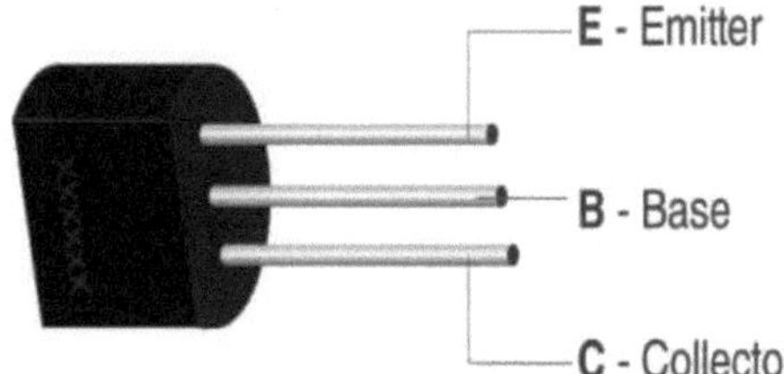

Fig 3.11: Transistor

Relé

Um relé é um interrutor eletromecânico simples. Enquanto usamos interruptores normais para fechar ou abrir um circuito manualmente, um relé é também um interrutor que liga ou desliga dois circuitos. Mas em vez de uma operação manual, um relé utiliza um sinal elétrico para controlar um eletroíman que, por sua vez, liga ou desliga outro circuito.

Cada relé eletromecânico é composto por

- Eletroíman
- Contacto mecanicamente móvel

- Pontos de comutação e

- primavera

Um eletroíman é construído enrolando uma bobina de cobre num núcleo metálico. As duas extremidades da bobina são conectadas a dois pinos do relé, como mostrado na figura 3.10. Estes dois contactos são utilizados como pinos de alimentação DC. Geralmente, existem mais dois contactos, chamados pontos de comutação, para ligar cargas de amperes elevados. Um outro contacto, denominado contacto comum, está presente para ligar os pontos de comutação. Estes contactos são designados por contactos normalmente abertos (NO), normalmente fechados (NC) e comuns (COM).

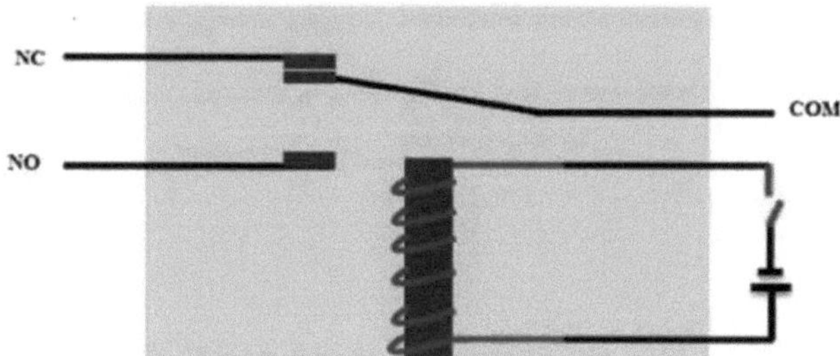

Fig. 3.12: Relé

Soprador de ar quente

Um ventilador é um dispositivo que expulsa o ar quente através da transmissão de energia para aumentar a sua pressão e velocidade. Vão desde os grandes ventiladores encontrados em aplicações como máquinas de produção e salas limpas até aos pequenos ventiladores incorporados em dispositivos como electrodomésticos ou computadores pessoais e são utilizados para soprar ar para ventilação ou arrefecimento. O tipo de ventilador utilizado neste projeto é do tipo turbo centrífugo e tem a forma de uma concha de caracol. Este ventilador contém um impulsor cilíndrico. O ar aspirado é pressurizado pela força centrífuga da rotação do impulsor e este ar pressurizado é depois descarregado.

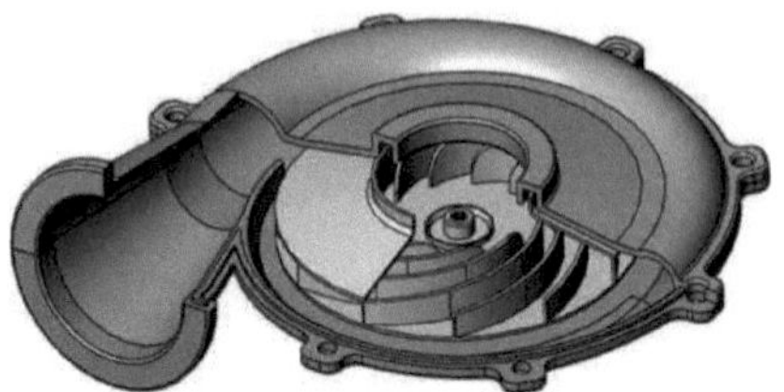

Fig. 3.13: Soprador de ar quente

Esta unidade é necessária para a conceção do projeto, uma vez que o seu funcionamento no circuito consiste em ligar o ventilador de ar quente utilizando relés electromecânicos SRD-12VDC-SL-C sempre que a unidade sensora detecta a presença da mão humana. Esta unidade é interligada através da PORT 3.6 do microcontrolador para permitir que o soprador de ar quente continue a soprar ar quente enquanto a mão humana continuar a ser detectada pela unidade sensora. Este relé é alimentado por um transístor que recebe a entrada do microcontrolador, que é polarizado por uma resistência de lkΩ. A Fig. 3.12 mostra um diagrama do circuito deste subsistema.

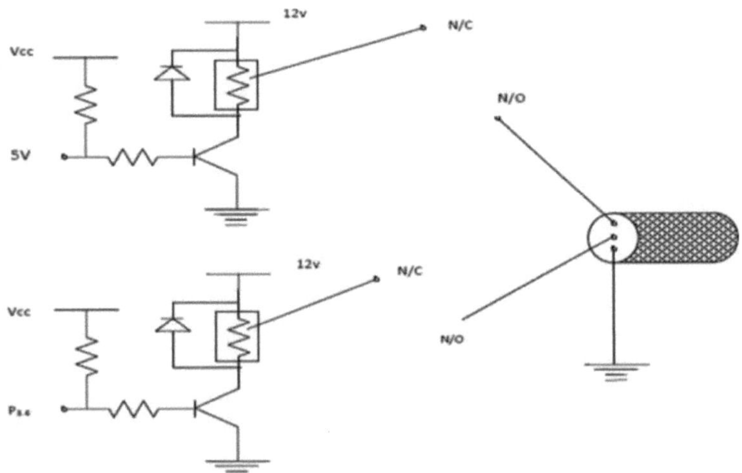

Fig. 3.14: Diagrama de circuito para a ligação do transístor de relé.

3.3.5 Unidade sensorial PIR

O componente principal é o sensor de infravermelhos passivo que detecta o movimento onde quer que esteja a ser utilizado. A saída deste sensor PIR é enviada para o controlador como entrada para verificar a presença de uma mão individual, requer 5 volts no pino de entrada para alimentar o componente, quando o dispositivo detecta movimento lê 3,7 volts para o controlador, quando não há movimento lê 0 volts. Este componente é ligado às aberturas de ventilação do subsistema do secador de mãos para garantir a sensibilidade.

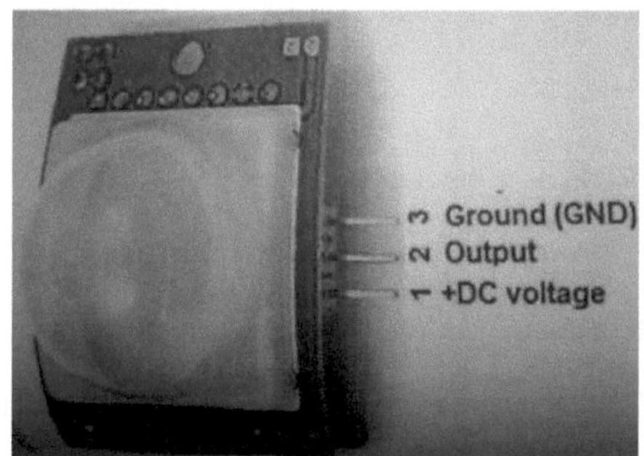

Fig. 3.15: DSN-F1R800 Sensor passivo inferido (PIR)

3.3.6 Unidade de visualização

O ecrã de sete segmentos é um dispositivo de visualização opto-eletrónico utilizado principalmente para visualizar alfabetos e dígitos. É composto por 7 LEDs dispostos de forma a poder apresentar números de O a 9. A disposição dos LEDs no ecrã pode ser um ânodo comum ou um cátodo comum.

Neste trabalho de projeto, é utilizado um ecrã de segmentos de 2 dígitos para indicar a temperatura do ar quente produzido pelo ventilador em graus Celsius. Como o nome sugere, estes ecrãs incluem sete segmentos que se ligam e desligam para apresentar o dígito ou alfabeto necessário. Os LEDs dentro de cada dígito são combinados opticamente para aparecerem como um elemento no ecrã, que tem um revestimento refletor no interior de cada segmento. Estes ecrãs também estão disponíveis numa grande variedade de estilos, desde ecrãs de 0,3" até ecrãs de 3" ou maiores.

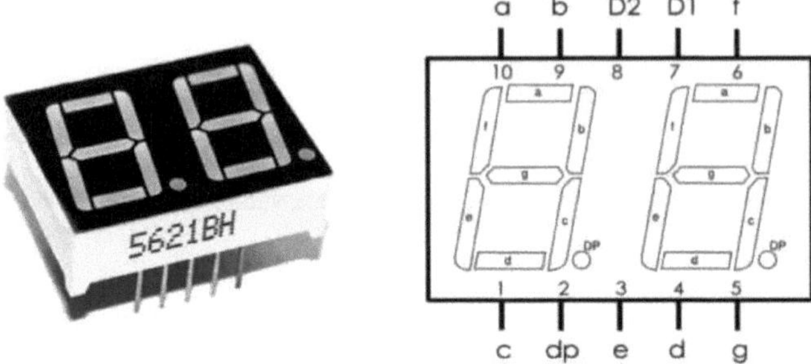

Fig. 3.16: Ecrã de segmentos de 2 dígitos

3.3.7 Unidade sensorial de temperatura

Este subsistema é uma das partes mais sensíveis deste projeto, uma vez que é utilizado para detetar a temperatura do ar quente que o ventilador emite.

A conceção da unidade de sensor de temperatura é conseguida com a ajuda dos seguintes componentes, a seguir referidos.

- Sensor de temperatura LM35

O LM35 é um sensor de temperatura de circuito integrado de precessão, cuja tensão de saída varia, com base na temperatura à sua volta. É um circuito integrado pequeno e barato que pode ser utilizado para medir temperaturas entre -55° C e 150° C. Fornece a tensão de saída em graus centígrados (Celsius) e não necessita de qualquer circuito de calibração externo. A sensibilidade do LM35 é de 10 mV/grau Celsius. À medida que a temperatura aumenta, a tensão de saída também aumenta. Pode ser facilmente ligado a qualquer microcontrolador que tenha a função ADC ou a qualquer plataforma de desenvolvimento como o Arduino. Mas, para este projeto, o LM35 é ligado ao ADC080X porque o microprocessador utilizado para o trabalho não tem uma função ADC incorporada.

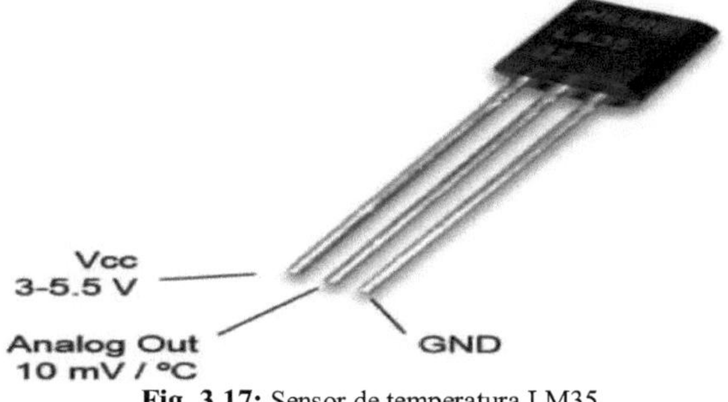

Fig. 3.17: Sensor de temperatura LM35

- Conversor analógico ADC0804

O ADC0804 é um dos CIs conversores analógico-digitais mais utilizados. Em muitas aplicações, é necessário converter a saída do sensor, que é analógica, numa forma digital. Os dados em formato digital podem então ser utilizados para processamento posterior pelos processadores digitais. As aplicações típicas incluem processamento de som, processamento de temperatura, etc. O ADC0804 é um conversor analógico-digital de canal único, ou seja, só pode receber um sinal analógico. Um ADC tem uma resolução de n bits (forma binária) em que n pode ser 8, 10, 12, 16 ou mesmo 24 bits. O ADC 0804 tem uma resolução de 8 bits. A maior resolução do ADC dá um tamanho de passo mais pequeno. O tamanho do passo é a mais pequena alteração que pode ser medida por um ADC. Para um ADC com uma resolução de 8 bits, o tamanho do passo é 19,53mV (5V/255).

➢ **Pino Descrição**

1. CS, Seleção de chip: Este é um pino ativo baixo e é utilizado para ativar o ADC0804.
2. RD, leitura: Este é um pino de entrada e ativo baixo. Depois de converter os dados analógicos, o ADC armazena o resultado num registo interno. Este pino é usado para obter os dados do chip ADC 0804. Quando CS=O e impulsos de alto a baixo são dados a este pino, a saída

digital é apresentada nos pinos D0-D7.

3. WR, Escrita: Este é um pino de entrada e ativo baixo. É utilizado para dar instruções ao ADC para iniciar o processo de conversão. Se CS=O e WR fizer uma transição de baixo para alto, o ADC inicia o processo de conversão.
4. CLK IN, Relógio IN: Este é um pino de entrada ligado a uma fonte de relógio externa.
5. INTR, Interrupção: Este é um pino de saída ativo baixo. Este pino fica baixo quando a conversão termina.
6. Vin+: Entrada analógica.
7. Vin-: Entrada analógica. Ligado à terra.
8. AGND: Terra analógico.
9. Vref/2: Este pino é utilizado para definir a tensão de referência. Se não estiver ligado, a tensão de referência predefinida é de 5V. Em algumas aplicações, é necessário reduzir o tamanho do passo. Isto pode ser feito utilizando este pino.
10. DGND: Terra digital.

1 1.11-18. Bits de dados de saída (D7-D0).

12. 19. CLKR: Reposição do relógio.

13. 20.Vcc: Alimentação positiva

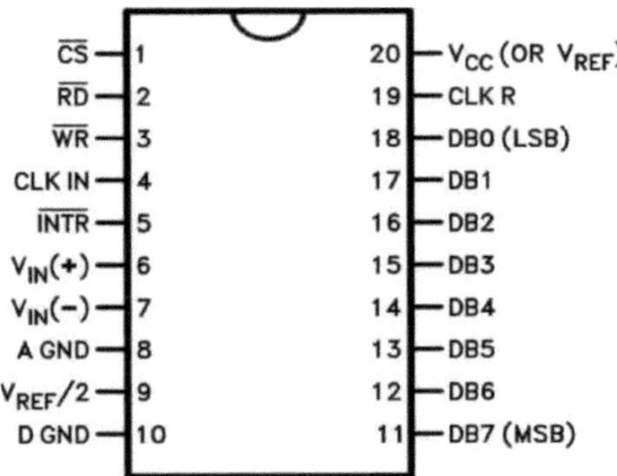

Fig. 3.18: Conversor analógico ADC0804

CAPÍTULO 4: RESULTADOS E DISCUSSÃO

4.1 IMPLEMENTAÇÃO DO SISTEMA

A implementação da conceção do projeto requer que todos os componentes que formam os subsistemas do projeto sejam submetidos a testes, o que garante que todos os componentes utilizados nesta conceção do projeto estão a funcionar na ordem correcta. As ferramentas para testar os componentes de hardware incluem o multímetro digital e as sondas. A conceção e a construção do secador de mãos automático com interface com o sistema de visualização da temperatura seguem a metodologia top-down, em que o planeamento e a orçamentação dos materiais necessários para a construção estão a ser actualizados. Seguindo a metodologia acima mencionada, os componentes de hardware necessários para a construção deste projeto já foram discutidos no capítulo três.

O desenho do circuito necessário para este projeto é o representado na Figura 4.1, onde todos os componentes estão interligados ao microcontrolador AT89S52. A interface de software utilizada na simulação do projeto é o Proteus 8 Professional, utilizado para a conceção e simulação de sistemas electrónicos digitais. Esta simulação é feita para ver como o sistema pode funcionar num ambiente em tempo real. Sem uma simulação adequada deste projeto, a sua implementação torna-se difícil e dispendiosa, uma vez que é necessário gastar muitos materiais para testar o sistema.

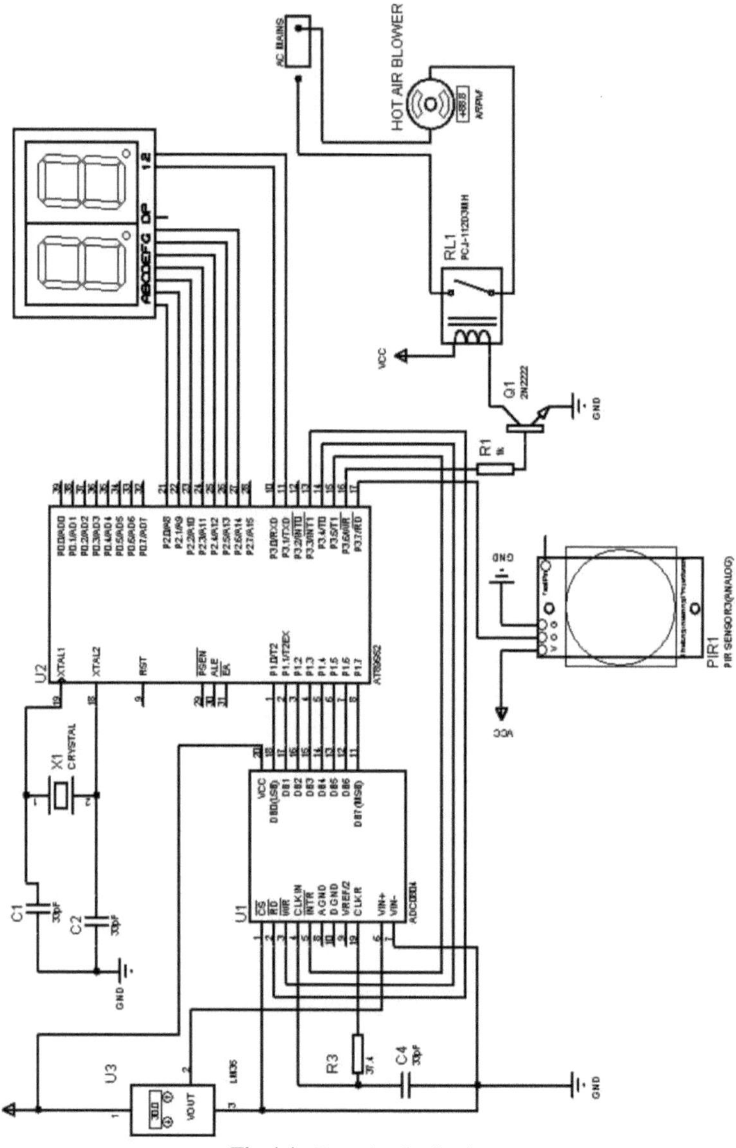

Fig 4.1 : Desenho do circuito

As fases de construção em função das exigências da conceção do projeto são explicadas nas secções seguintes.

4.1.1 Implementação da fonte de alimentação

Neste projeto, utilizei uma fonte de alimentação regulada de 5 volts, que é obtida através da conversão de 220 volts CA em 9 volts CA com a ajuda de um transformador abaixador. A tensão CA é posteriormente convertida em tensão CC com a ajuda de um circuito retificador de onda completa, que requer quatro díodos em vez de dois. Durante o meio ciclo positivo da tensão secundária, os díodos D2 e D4 e os díodos Dl e D3 não estão a conduzir. Portanto, a corrente flui através do enrolamento secundário, do díodo D2, da resistência de carga RL e do díodo D4. Durante os meios-ciclos negativos da tensão secundária, os díodos Dl e D3 conduzem, e os díodos D2 e D4 não conduzem. A corrente flui, portanto, através do enrolamento secundário, do díodo Dl, da resistência de carga RL e do díodo D3. A saída do díodo é DC pulsante, pelo que, para converter a DC pulsante em DC suave, utilizei um condensador eletrolítico. O condensador eletrolítico converte a corrente contínua pulsante em corrente contínua suave. Esta CC é ainda regulada por um regulador LM7805. Este circuito integrado (regulador de tensão 7805) fornece uma corrente contínua regulada de 5 volts ao circuito do microcontrolador e a outros componentes do circuito. O pino 40 do controlador está ligado a esta fonte de alimentação de 5 volts. O pino 20 está ligado à terra. O diagrama do circuito da fonte de alimentação é apresentado na figura.

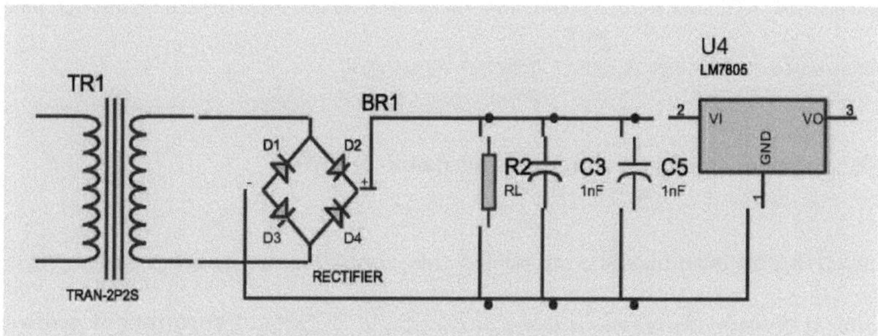

Fig. 4.2 : Desenho do circuito da fonte de alimentação.

4.1.2 Configuração da unidade do microcontrolador AT89S52

Neste trabalho específico, utilizei o microcontrolador AT89S52 para fazer a interface de todos os dispositivos de entrada e saída. Com a ajuda deste componente, posso controlar o sistema de secagem de mãos utilizando os sensores passivos inferidos (PIR). Utilizei reguladores LM7805 com um condensador de filtro para fornecer uma tensão regulada sem ondulação ao microcontrolador e aos sensores PIR. Os pinos 18 e 19 do microcontrolador estão ligados a um oscilador de cristal externo para fornecer um relógio externo ao microcontrolador, através do qual defino o ciclo de máquina do controlador. Segue-se uma explicação mais pormenorizada sobre a forma como utilizei estes pinos.

- **Implementação do circuito de reinicialização**

O pino n.º 9 dos controladores está ligado ao circuito de reinicialização. No circuito, liguei uma resistência e um condensador com um circuito para fornecer uma opção de reinicialização quando a alimentação está ligada. Assim que a alimentação é fornecida, o 8051 não arranca e o utilizador do sistema tem de reiniciar o microcontrolador carregando num botão de contacto que alimenta todo o sistema. Reiniciar o microcontrolador não é mais do que atribuir uma lógica 1 ao pino de reinicialização, pelo menos durante 2 impulsos de relógio.

- **Implementação do circuito do oscilador de cristal**

Os pinos 18 e 19 estão ligados a um oscilador de cristal externo para fornecer um relógio ao circuito. O oscilador de cristal fornece a sincronização da função interna para os periféricos. Sempre que utilizamos cristais, é necessário colocar um condensador por detrás para evitar ruídos. Neste caso, é utilizado um condensador de 33pf.

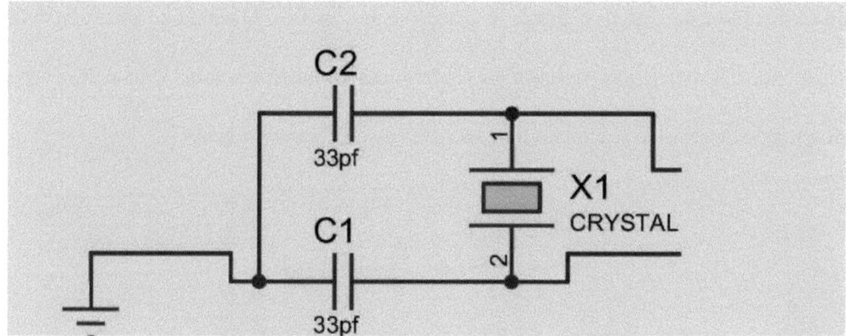

Fig. 4.3: Circuito do oscilador de cristal

➢ **Cálculo do tempo através do oscilador de cristal**

A velocidade com que um microcontrolador executa instruções é determinada pelo que é conhecido como a velocidade do cristal. Um cristal é um componente ligado externamente ao microcontrolador. O cristal tem valores diferentes e alguns dos valores utilizados são 6MHZ, 10MHZ, 11,059 MHz, etc. Assim, um cristal de IOMHZ pulsaria à taxa de 10.000.000 vezes por segundo.

O tempo é calculado através da fórmula;

Número de ciclos por segundo = Frequência do cristal em Hz / 12.

Para um cristal IOMHZ, o número de ciclos seria 10.000.000/12 = 833333,33333 ciclos. Isto significa que num segundo, o microcontrolador executaria 833333.33333 ciclos. Os pinos 29, 30 e 31 não são utilizados neste projeto, estes pinos são utilizados quando necessito de memória extra para o projeto.

4.1.2 Interligação do sensor PIR com o microcontrolador AT89S52

O módulo sensor PIR utilizado neste protótipo de projeto é o DSN-FIR800, que funciona com uma alimentação de 4,5 a 5V e a corrente em standby é inferior a 60pA. A tensão de saída será de 3,3 V quando o movimento for detectado e OV quando não houver movimento. O cone do ângulo de deteção é de 110° e o alcance de deteção é de 7 metros. O tempo de atraso predefinido é de 5 segundos. Existem duas resistências predefinidas no módulo sensor. Uma é utilizada para ajustar o tempo de atraso e a outra é utilizada para ajustar a sensibilidade.

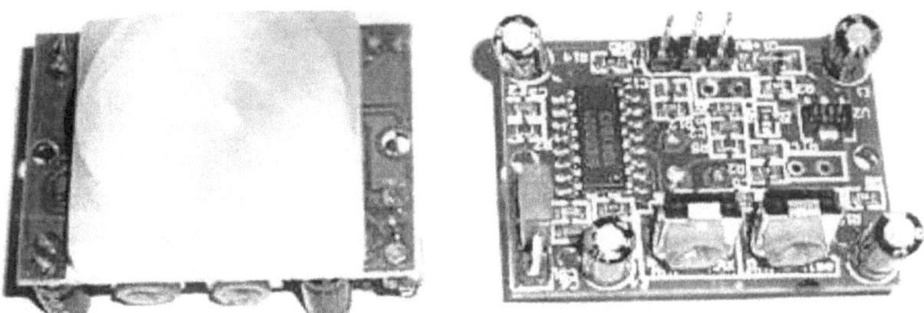

Fig 4.5: Vista frontal e traseira do sensor passivo inferidoDSN-FIR800

O microcontrolador 8051 (AT89S52) considera qualquer tensão entre 2 e 5V no pino da sua porta como ALTA e qualquer tensão entre 0 e 0,8 V como BAIXA. Uma vez que a saída do módulo do sensor PIR tem apenas dois estágios (HIGH (3.3V) e LOW (OV)), é diretamente ligado à porta P3.7 do microcontrolador, e o sensor PIR é colocado fechado na abertura do secador de mãos para detetar facilmente o movimento das mãos de um indivíduo.

4.1.3 Interface entre o LM35 e o ADC0804 com o microcontrolador AT89S52

O tempo que o ADC demora a converter os dados analógicos em formato digital depende da frequência da fonte de relógio. O ADC0804 pode receber um relógio de uma fonte externa. Também tem um relógio interno. No entanto, o tempo de conversão não pode ser superior a 110us. Para usar o relógio interno, um condensador e uma resistência são ligados aos pinos 19 e 4, como mostra a Fig. 4.1 do diagrama do circuito. A frequência é dada pela relação f= 1/ (1.1RC). O circuito utiliza uma resistência de IOk e um condensador de 150pF para gerar um relógio para o ADC0804. Vin, que é o pino de entrada, é ligado ao pino 2 do sensor de temperatura LM35 para fornecer uma entrada analógica ao conversor. Aplicar 1,28 volts ao pino vref/2 do ADC0804.

Esta é a tensão de referência para o ADC0804. Esta é a tensão pela qual o tamanho do passo do ADC0804 será definido para 10 mV. A tensão de saída do LM35 varia em 10 mV por cada° C de mudança de temperatura. Assim, tanto o LM35 como o ADC0804 estão agora a trabalhar com uma variação de 10 mV, quando há uma variação de 10 mV na temperatura, a saída aumenta ou diminui em 1

Neste diagrama de circuito, o microcontrolador é utilizado para fornecer os sinais de controlo ao ADC. O pino CS do ADC está diretamente ligado à terra. Os pinos P3.3, P3.4 e P3.5 estão ligados aos pinos RD, WR e INTR do ADC, respetivamente. Enquanto que os pinos P1.0, Pl.l, P1.2, P1.3, P1.4, P1.5, P1.6 e P1.7 estão ligados aos pinos de saída DB0, DBl, DB2, DB3, DB4, DB5, DB6 e DB7 do ADC, respetivamente. Quando a tensão de entrada do sensor LM35 varia devido a um aumento da temperatura, a saída do ADC varia, o que pode ser visto no LCD.

Abaixo mencionei os poucos passos para a conversão de dados que devem ser seguidos pelo chip ADC0804.

1. MakeCS = I
2. Enviar um impulso baixo a alto para o pino WR para iniciar a conversão.
3. Continue a monitorizar o pino INTR. SeINTR for baixo, passe para o passo seguinte, caso contrário continue a verificar o estado.
4. Depois de o pino INTR se tornar baixo, fazemos CS = O e enviamos um impulso de alto a baixo para o pino RD para obter os dados do ADC0804.

4.2 RESULTADOS

Após a construção e o acondicionamento do protótipo do projeto, verifica-se que o sistema funciona normalmente sem erros, ligando o interruptor de alimentação deste protótipo, o microcontrolador é ligado e envia sinais de tensão com base nas suas instruções para os vários sistemas de entrada e saída do protótipo do projeto. A unidade de deteção que contém o sensor PIR tem alta prioridade de verificação pelo controlador para verificar se há algum objeto em torno do seu raio de sensibilidade.

4.2.1 Modo de funcionamento do secador de mãos

Quando a alimentação é ligada, o microcontrolador é reiniciado, após o que o controlador começa a executar as instruções armazenadas na sua memória ROM (Read Only Memory). Com base nestas instruções armazenadas na ROM, as entradas do sensor PIR são ligadas a uma porta no controlador, bem como a sua saída, o microcontrolador é ajustado para colocar sempre os sensores PIR num estado ativo, onde pode ler continuamente as entradas dos parâmetros ambientais, tais como a mão como um objeto.

O sensor PIR tentaria sempre detetar a presença de um objeto para ler um sinal de saída para o controlador para o funcionamento básico. Quando um sinal é enviado pelo sensor para o controlador indicando a presença da mão humana, o controlador envia um sinal de tensão ALTA para o transístor que alimenta o relé que liga o ventilador. Enquanto estiver ligado, o LM35 adquire a temperatura do ar quente em forma analógica, que é introduzida no ADC0804 para a converter em forma digital e depois enviada para o microcontrolador, que apresenta o valor no ecrã de sete segmentos.

4.3 DISCUSSÃO

Foram tomadas muitas precauções. A partir da seleção dos componentes, foram realizadas observações físicas intensivas para evitar erros que pudessem danificar os principais componentes deste sistema. Apenas foram seleccionados componentes com as classificações correctas para garantir um resultado válido para a conceção deste projeto.

Foram também tomadas algumas precauções muito necessárias, incluindo a garantia de que a fonte de alimentação era isolada e testada antes de a ligar aos outros componentes, para evitar picos de energia e alimentação anormal do sistema. Além disso, todo o sistema foi testado numa placa de ensaio e confirmado o seu funcionamento antes de ser transferido para uma placa Vero para soldadura permanente. Os erros foram encontrados e corrigidos em conformidade.

4.4 IMPLICAÇÕES DA CONCEPÇÃO DO PROJECTO EM TERMOS DE CUSTOS

O montante e o custo associados a cada material de projeto relativo à construção deste projeto são indicados no Quadro 4.1.

Quadro 4.1: Implicações de custo da conceção do projeto

S/N	Component	Type	Quantity	Price(N)
1	Passive inferred sensor	DSN-FIR800	2	6000
2	Microcontroller	Atmel 89S52	1	5000
3	Relays	12v	1	500
4	Transformer	220v-15-0-15volts	1	1000
5	Bride Rectifier	LT 1240	1	100
6	Capacitor	100μF,10μF	2	200

7	Regulator	7805	1	500
8	Resistor	15k,10k,10ohms	3	500
	AT89S51, 40-pin socket	40 pins	1	500
	Oscillator	12Mhz Crystal	1	1500
	Transistor	NPN(2N2222)	1	1000
	Hot air blower model		1	10000
	Yards Jumper Wires		6	1000
	Power Button		1	1000
	Packaging		1	5000
	Soldering led ribbon		1	5000
	Vero board	Dotted	1	1000
TOTAL				**45,300**

CAPÍTULO 5: RESUMO E RECOMENDAÇÕES

5.1 RESUMO

Um secador de mãos automático com interface e um mostrador de temperatura seria útil para eliminar bactérias e infecções em casas de banho públicas, utilizando o seu design sem contacto, o secador de mãos e pode efetuar a secagem da mão humana quando esta é apresentada no seu ambiente sensorial. Este projeto foi testado para funcionar em ambiente empresarial e doméstico, não impõe qualquer risco ambiental para os utilizadores, uma vez que é auto-explicativo na utilização. Para qualquer ambiente que necessite de uma operação sustentável bem sucedida para o controlo de doenças, este sistema é a melhor sugestão para atingir esse objetivo.

Este trabalho de projeto é considerado uma parte muito vital da higiene humana, uma vez que é relevante para uma saúde boa e sustentável. Com este protótipo a ser totalmente construído em todas as fases de conceção, a criação de um secador de mãos altamente potente com um sistema de visualização da temperatura que inculca as características deste protótipo seria proficiente na produção industrial em grande escala.

A instalação deste sistema em casas de banho públicas e restaurantes seria um forte investimento na luta contra as doenças infecciosas bacterianas. O sistema pode também servir como um meio para criar uma boa ética de secagem adequada das mãos dos indivíduos após a utilização da casa de banho.

5.2 RECOMENDAÇÕES

Os proprietários de centros comerciais, hospitais, escritórios e outros locais públicos devem instalar o sistema para permitir o controlo de doenças e evitar a transmissão de doenças infecciosas no local de trabalho, o que é necessário para aumentar o crescimento sustentável das empresas. Um bom engenheiro deve estar atualizado em termos de teoria e de prática. Uma boa aprendizagem de conhecimentos teóricos deve ser apoiada por um projeto prático para cimentar o que foi ensinado nas aulas. A implementação do projeto deve ser feita na placa de circuito impresso, para que os componentes do circuito estejam bem dispostos e organizados.

REFERÊNCIAS

Allippi, C. (2014). Inteligência para sistemas embarcados. Springer, 283pp, ISBN 978-3-319-052786.

Ansari, S.A., Springthorpe, S.V,, Sattar, S.A., Tostowaryk, W. e Well, G.A. (1991). Comparação entre pano, papel e secagem com ar quente na eliminação de vírus e bactérias das mãos lavadas. American Journal oflnfection Control.

Barr, M. (2009) Real men program in C, Embedded Systems Design. Tech-Insights (United Business Media), p. 2. Recuperado em 2009-12-23.

Blackmore M.A. (1987). Métodos de secagem das mãos. Nursing Times.

Blackmore, M.A. e Prisk, E.M. (1984). O ar quente é higiénico em casa?

Blackmore, M.A. (1989). A comparison ofhand drying methods. Restauração e Saúde.

Davis, J.G., Blake, J.R., White, D.S. e Woodall, C.M. (1969). The types and numbers of bacteria left on hands after normal washing and drying by various methods. Medical Officer.

Gustafson, D.R., Vetter, E.A., Larson, D.R., Ilstrup, D.M., Maker, M.D., Thompson, R.I. e Cockerill, F.R. (2000). Effects of 4 hand-drying methods for removing bacteria from washed hands: a randomized trial (Efeitos de 4 métodos de secagem das mãos para remover bactérias das mãos lavadas: um ensaio aleatório). Mayo Clinic Proceedings.

Knights, B., Evans, C., Barrass, S. e McHardy, B. (1993). Hand Drying; Assessment of Efficiency and Hygiene of Different Methods (Secagem das Mãos; Avaliação da Eficiência e Higiene de Diferentes Métodos). Inquérito do Grupo de Investigação em Ecologia Aplicada da Universidade de Westminister, Londres.

Matthews, J.A. e Newsom, S.W.B. (1987). Os secadores eléctricos de ar quente são comparados com toalhas de papel para a potencial propagação de bactérias transportadas pelo ar. Journal OfHospital Infection.

Meers, P.D. e Leong, K.Y. (1989). Cartas ao editor. Journal OfHospital Infection. London. Publicação Meers.

Michael, B. (2007). Glossário de Sistemas Embarcados. Biblioteca Técnica Neutrino. Recuperado em 200704-21.

Michael, B. e Anthony, J.M. (2006). Introdução. Programming embedded systems: with C and GNU development tools. O'Reilly, pp. 1-2. ISBN 978-0-596-00983-0.

Mittal (2005) A survey of techniques for improving energy efficiency in embedded computing systems, IJCAET, 6(4), 440-459, 2014.

Moratelli, C; Johann, S; Neves, M; Hessel, F (2016). Virtualização embarcada para o projeto de aplicações IOT seguras. Simpósio Internacional 2016 sobre Prototipagem Rápida de Sistemas (RSP). Obtido em 2 de fevereiro de 2018.

Patrick, D.R., Findon, G. e Miller, T.E. (1997). A humidade residual determina o nível de contacto tátil associado à transferência bacteriana após a lavagem das mãos. Epidemiologia e Infeção, China. Publicações Millers.

Redway, K., Knights, B., Bozoky, Z., Theobald, A. e Flardcastle, S. (1994). Hand drying: a study of bacterial types associated with different hand drying methods and with hot air dryers. Applied Ecology Research Group, University OfWestminster: LondonWlM 8JS.

Steve (2003). Projeto de sistemas embarcados. Série EDN para engenheiros de projeto (2 ed.). Newnes. p. 2. ISBN 978-0-7506-5546-0.

Tancreti, M., Sundaram, V., Bagchi, S. e Eugster, P. (2015). TARDISSoftware-Only Systemlevel Record and Replay em redes de sensores sem fio. Anais da 14ª Conferência Internacional sobre Processamento de Informações em Redes de Sensores. IPSN '15. Nova Iorque, NY, EUA: ACM: 286-297. doi: 10.1145/2737095.2737096. ISBN 9781450334754.

Taylor, J.H., Brown, K.L., Toivenen. J. e Holah. J.T. (2000). A microbiological evaluation of warm air hand driers concerning hand hygiene and the washroom environment. Jornal de Microbiologia Aplicada.

Yamamoto. Y., Ugai K., e Takahashi. Y. (2005). Eficiência da secagem das mãos na remoção de bactérias das mãos lavadas: comparação da secagem com toalhas de papel com a secagem com ar quente. Infection Control Hospital Epidemiology.

Himanshu, C. (n.d). Como fazer a interface do ADC0804 utilizando microcontroladores 8051. https://www.engineersgarage.com/how-to-interface-adc0804-using-8051-microcontroller-at89c51-part-22-45/

https://eepower.eom/resistor-guide/resistor-fundamentals/what-is-a-resistor/#https://byjus.com/jee/transistor/

https://www.electronicshub.org/what-is-relay-and-how-it-works/

APÊNDICE

O código que é utilizado para acionar o sistema é apresentado

below

```
Org 00h

Back: mov a, #00h

mov P1, a

acallsecdelay

mov a, #0lh

mov PI,

aacallsecdelay

Sjmp back

Secdelay: mov r5, #25

H2: mov R4, =55

H2: mov r3, #ff

Djnz r3, h1

Djnz r4, h4

Djnz r5, h5rec
```

Printed by Books on Demand GmbH, Norderstedt / Germany